戦略的UXライティング
言葉でユーザーと組織をゴールへ導く

Torrey Podmajersky 著
中橋 直也 監訳
松葉 有香 訳

Strategic Writing for UX

Drive Engagement, Conversion, and Retention with Every Word

Torrey Podmajersky

Beijing • Boston • Farnham • Sebastopol • Tokyo

賛辞

「コンテンツは、デザインやリサーチと並んで、今日のアプリやウェブサイト、ゲームのユーザーエクスペリエンスデザインの重要な柱となっています。Torrey Podmajerskyは、戦略的UXライティングにおいて、コンテンツを最初から製品戦略全体に組み込む方法を専門的に述べています」

MONETA HO KUSHNER、プロダクトデザインマネージャー

「優れたUXコピーは、製品を改善するための最も簡単で速い方法の1つであり、戦略的UXライティングはその助けとなるでしょう。あなたが作っている製品にテキストが少しでも含まれるようであれば、この本を机上に置いて参考にしてください」

LAURA KLEIN、USERS KNOW代表

「戦略的UXライティングは、長い間待ち望まれていたものであり、実用的なヒントと戦略が詰まっています。文章を書いたり、デザインしたり、もしくはその他の手段でユーザーのデジタル体験に影響を与える可能性がある人すべてにとっての必読書です」

JENNIFER HOFER、UXコンテンツストラテジスト

訳者まえがき

UXデザインに従事している私は、もちろん今まで数多くの言葉を紡いできましたが、それよりもはるか昔から、言葉を愛していました。自分の世界を表現すること、そして相手に伝えることを手伝ってくれる、長年連れ添ってきたパートナーです。

言葉を使うこと自体は、識字率の高い日本では簡単に思えるかもしれませんが、突き詰めると非常に難しいものです。みなさんも、この世に生まれ、成長する過程で言葉を獲得してからは、息を吸うように使ってきたことでしょう。どんな言葉を使おうと考えなくても、「とりあえず」で出せる言葉もありますよね。そんな当たり前のように使っているものだからこそ、改めて使い方を見直すことは、非常に難しく、根気が必要なことです。簡単だけど難しい。この相反する面があるからこそ、私はその面白さに魅了されているのです。

同じ内容を伝えるだけでも、言葉の選び方にはとてつもない数の選択肢があります。その豊かさが、私はとてつもなく美しいと感じているのですが、豊かさがゆえに、人を悩ませるのです。生み出す悩み、選ぶ悩み。時には、悩むことすら諦めて「とりあえず」で使うことも…！　十分に生み出せないと選ぶこともできませんし、適切に選ぶことができないと、相手がすんなり受け取れない言葉になってしまいます。

伝えるための言葉を紡ぐという営みは、読み手への**思いやり**だと思っています。例えるなら、言葉を届けることは**道案内**であり、どれだけ丁寧に道案内できるかを、言葉の選び方が左右しています。道案内とは、道順を伝えることだけではありません。双方のゴールに向かって、どれだけ効率的な道、心地よい道、楽しい道を選べるか。素敵な対話の旅をエスコートするのです。そう考えると楽しくなってきませんか？

この考え方は、UXデザインを行う上で必要不可欠です。つまり、UXデザインとUXライティングは、決して切り離せないものなのです。UXライティングについてもっと体系的に学びたい、学んでもらいたいと思った時に目に留まったのが、原書である『Strategic Writing for UX』でした。これを初めて手にした当時、日本には

UXライティングに関する書籍がほとんどありませんでした。それならば、私が届けよう。そう思った時には、著者のTorreyに連絡を取っていました。

本書を訳す上で一番悩んだものは「言葉の選び方」、つまり“ボイス”（第2章にて記述）です。なぜなら、UXライティングの考えを述べている本書の訳が、その考えに反しているなんて、言語道断だからです。そんなプレッシャーを感じつつも、この内容を日本へ届けるために、1つ1つ言葉を選んでいきました。

言葉の世界は、数学のように正解が1つに絞れるわけではありません（そんな数学の世界も私は愛していますが…！）。では言葉の世界における正解とは何なのか？それは、読み手に意図通りに伝わった結果、読み手が意図通りの行動をしてくれるということが、1つの基準となります。ただ厄介なのが、この「意図通り」の中には、言葉の意味が正しく認識できるというだけでなく、言葉単体もしくはそれらの集合で形成される印象が正しく伝わることなども含んでいます。そして書き手のゴールだけでなく、読み手のゴールを達成することも目指さなければいけません。

言葉の持つ役割は、思ったよりも多いのです。いよいよ言葉を選ぶのが難しく感じてきましたね。でも大丈夫です、安心してください。本書はそんな不安を支えるために、今あなたの手元にあるのです。本書では、製品で扱う言葉にチームで向き合う場面が多く紹介されています。そのため、チームで動いている人にとって、自分ごととして捉えやすい内容になっていますが、個人で言葉に向き合いたい方にとっても、必ず役立つ要素があります。ぜひ「自分の場合だとどうなるだろうか？」と、自分の状況に置き換えつつ、本書を楽しんでいただければ幸いです。

日本語版を出版するにあたり多大なるご支援をくださった、監訳者の中橋直也氏、オライリー・ジャパンの浅見有里氏に深く感謝申し上げます。お二方の細やかなご指摘・ご提案に加え、中橋氏の専門知識によるサポートをいただけたことにより、本書は飛躍的に改善されました。そして、学び多い原書を執筆いただいた上に、私に翻訳許可をくださった著者のTorrey Podmajerskyにも深く感謝申し上げます。Torreyのおかげで素敵な翻訳の機会を得ることができました。最後に、翻訳作業と家事・育児を支えてくれた夫と、翻訳に向き合うパワーをくれた息子に感謝いたします。

2022年3月

松葉 有香

はじめに

UXライティングは、ユーザーエクスペリエンス（UX）における言葉、つまりユーザーが目にするタイトルやボタン、ラベル、指示、説明、通知、警告、コントロールなどを作成するプロセスだ。また、ユーザーが次のステップに自信を持って進むために必要な設定情報や最初に取り組む体験、ハウツーなどのコンテンツも、対象として含まれる。

イベントのチケットを買ったり、ゲームをしたり、公共交通機関に乗ったりといった、特定の行動を行う個々の人間に、体験を提供する組織が依存している場合、言葉というものはどこにでもあって効果的にアプローチできる手段だ。言葉は、画面や看板、ポスター、記事などで見ることができ、デバイスやビデオから聞くこともできる。テキストは微細なものだが、非常に価値があるものなのだ。

しかし、これらの言葉は何のために使うのだろうか？　どうやって選択するのか、そしてどのようにしてその言葉が機能したことを知ることができるのだろうか？　本書では、UXライティングを使ってユーザーのゴールを達成するための戦略を提供するとともに、ユーザーをコンバージョンさせて、エンゲージメントを高めて、サポートし、再び惹きつけることで組織を前進させる方法を述べている。UXライティングでは、ブランドを閲覧者に認識してもらえるように、コンテンツ全体でメッセージを組み立てる。そして、共通のUXテキストパターンを適用することで、UXライティングの作業を容易に分業できるようにし、そのUXコンテンツの効果を測定する。

本書を読むべき人

通常業務に加えてUXコンテンツを書く必要がある人は、マーケティング担当者やテクニカルライター、UXデザイナー、プロダクトオーナー、ソフトウェアエンジニアなどだ。本書では、UXコンテンツでどのようなゴールを達成できるのか、そしてUXコンテンツを書くためのフレームワークや、測定する方法についての知識を身につけることができる。

本書では、UXライティングの価値とそれがもたらす影響を実証する方法を紹介している。UXライターやUXライターになりたい人、そして、自分のチームのUXライターをサポートしたいマネージャーやリーダーにとって役に立つだろう。また本書では、ライティングという仕事を行うための、そしてデザインやビジネス、法務、エンジニアリング、プロダクトなどに関わるステークホルダーと、健全に、創造的に、測量できる形でパートナーシップを築くためのプロセスとツールを紹介している。

本書の構成

第1章では、なぜUXコンテンツが重要なのか、そしてそれがソフトウェア開発のライフサイクルへどのように組み込まれるのかを説明している。

第2章では、UXコンテンツを製品の原則に合わせるために、体験の中の“ボイス”に関するフレームワークを紹介している。

第3章では、会話に根ざしたUXテキストに対するコンテンツファーストデザインのプロセスを紹介している。

第4章では、UXテキストの11パターンを紹介し、3つの異なる体験の例を通して各パターンがどのように機能するかを示している。

第5章では、UXテキストを目的に応じて簡潔に、会話的に、そして明確にするために編集するプロセスを4段階で紹介している。

第6章では、UXコンテンツの効果や品質を測定する方法として、直接測定、UXリサーチ、ヒューリスティック分析の3つについて概要を述べている。

第7章では、テキストの書き起こしやコンテンツのレビュー管理、作業のトラッキングなどを含むUXライティングにおすすめのツールとプロセスを紹介している。

第8章では、チームの中で最初のUXコンテンツ専門家として成功するために役立つ、私の30/60/90日計画を紹介している。

そして第9章では、やらねばならないUXライティングの仕事に優先順位をつけるためのアドバイスで締めくくっている。

本書では、3つの架空の組織と体験を例に挙げている。

- ソーシャルクラブの会員向けアプリ「チョウザメ倶楽部」
- 画像をアップロードして競い合うソーシャルゲーム「'appee」

- 地域の交通機関を利用する人のためのアプリ「TAPP」

分かりやすくするために、本書で最も重要な考え方に関する用語を絞っている。

- **体験**とは、UXライターがUXコンテンツを作成する際に、組織が作成するアプリやソフトウェア、その他のデザインされたインタラクションのことを指す。
- **組織**とは、その体験を作る、もしくは委託する市民団体や公的機関、民間企業などを指す。
- **チーム**とは、UXライターが一緒に仕事をする人間の集まりのことを指す。
- **ユーザー**とは、その体験を利用する人間のことを指す。チョウザメ倶楽部を利用するユーザーは「**会員**」、'appeeを利用するユーザーは「**プレイヤー**」、TAPPを利用するユーザーは「**乗客**」というように、ユーザーを表す具体的な用語は体験によって異なる。
- **UXライター**とは、UXコンテンツに責任を持つチームメンバーに対して私が使っている一般的な呼称である。他にも、**UXコンテンツストラテジスト**、**コンテンツデザイナー**、**コンテンツデベロッパー**、**コピーライター**などの肩書きが使われている。
- **UXコンテンツ**とは、ユーザーが体験を利用するのに直接的に役立つ、UXライターの仕事におけるアウトプットのことを指す。UXテキストとは、UXコンテンツの一部であり、インターフェースで使われる言葉のことを指す。UXテキストが業界で呼ばれている他の名称としては、**マイクロコピー**、**エディトリアル**、**UIテキスト**、**ストリングス**などがある。

なぜ本書を書いたのか

UXコンテンツは、過去9年間、私がプロとして注力してきた分野だ。私は2010年にXboxのUXライターとしてスタートし、Xbox 260コンソール、Xbox Live、Xbox Oneでプレイする何百人ものユーザーのために体験を作った。その後、Microsoftアカウントを担当し、Microsoft FamilyとMicrosoft Educationの最初のUXライターを務めた。また、何百人ものアメリカ人が自分のコミュニティで売買できるようにサポートするマーケットプレイス「OfferUp.com」の最初のUXライター兼コンテンツストラテジストを務めた。本書を書き終えた今、私はGoogleで2

つのチームにおいて最初のUXコンテンツストラテジストを務めている。

私は、人の役に立つ体験を作ることが大好きだ。私にとって、誰かがUXライターになることをサポートするような体験を作ることも含まれている。私は、素晴らしい体験を作るために、より良い手法を編み出してくれる仲間やUXライターを増やしたいと思っているのだ。私たちUXライターは、UXコンテンツ特有の課題を解決するために共通で使えるフレームワークやツール、手法を持っているわけではない。UXライターを雇用したいと考えている組織やマネージャーは、「言葉の問題」を抱えていると自覚していたとしても、誰を雇えばいいのか、どのようにUXライターをサポートすればいいのか、どのような効果が期待できるのか、といったことに見当を付けるのに苦労している。

本書が生まれたきっかけは、基本的な考え方をある程度共有しない限り、UXライティングのコミュニティや規律を築くことはできないということに気づいたことだ。私たちは、UXコンテンツでどんなことができるのか、そしてコンテンツの力を発揮させるためのベストプラクティスや、その効果を測定する方法を共有する必要がある。UXコンテンツを作成するために私が利用してきたフレームワークやツール、手法を共有するために、そして、ユーザーや組織がゴールを達成するためにUXコンテンツを利用することに対する私の熱意を伝えて奮い立たせるために、私は本書を書いた。

謝辞

まず、Xbox、Windows、Microsoft Education、OfferUp、Googleのチームの方々に感謝したい。私がUXライティングについて知っていることはすべて、彼らのような素晴らしい人たちと一緒に仕事をしている間に学んだことだ。特に、より良い文章を作り、より良い解決策を見つけ、顧客を喜ばせ、ビジネスへの期待を超えられるようにと、私の背中を押してくれた方々に感謝している。私はあなたたちと様々な問題にチャレンジすることが大好きだ。

次に、UXの書き方を教えてくれたMichelle Larez Mooneyに感謝したい。UXライターになるための最初の面接において、私に技術を教えてくれた。そして、エンジニアリング、プロダクト、ローカライゼーションの各チームと効果的に連携する方法を身を持って示してくれ、さらに、誰もその仕事の価値を否定できないほど、深く効果的に関与する方法を示してくれた。

また、最初のUXライティングコースを作るアイデアと行動力を示してくれたElly Searleに感謝したい。彼女は私を説得し、School of Visual Concepts[*1]のLarry Asherに相談してコースを実現させてくれた。私が提供できるものを明確にし、必要なものを求めることについて、多くのことを学んだ。彼女と一緒に教えることができ、洞察力や熱意、献身から恩恵を受けることができて、とても嬉しく思っている。

Michaela Hutflesのコーチング、メンター、友情に感謝したい。UXにおける私のキャリアは、彼女のアイデアやアドバイス、励ましがなければ為し得ず、喜ぶこともなかっただろう。

Nathan Crowder、Jeremy Zimmerman、Dawn Vogel、Sarah Grant、そしてその他Type 'n' Gripeの方々に感謝したい。私がライターで居られるのは、あなたたちと12年以上も毎週一緒に書いてきたからだ。拒絶されようとも、私たちはともに、フィクションストーリーを「簡単な」市場ではなく、トップの市場に投じるようになった。この場での練習がなければ、この本を売り込むことも、執筆をやり遂げるための鍛錬もできなかっただろう。

本書の出版にあたり、本書を信じ、進み方を提案し、すべてのプロセスをサポートしてくれたJess Haberman、Angela Rufinoをはじめとする、O'Reillyの素晴らしいチームに感謝したい。また、本書をより読みやすく、より役立つものにするために協力してくれた初期の読者やテクニカルレビュアーにも感謝している。

そして最後に、私の素晴らしいパートナーであるDietrich Podmajerskyに感謝したい。私がやっていることが家事よりも重要だと確信し、私が時間とエネルギーを使いすぎている時に私を気遣ってくれ、私がいつ寝るのか分からない状況でも耐えてくれるなど、数多くのサポートが積み重なることで、この本を作ることができた。私はあなたを愛している。

＊1 ［訳注］School of Visual Conceptsとは、ワシントン州シアトルにあるUX、コンテンツ戦略・デザインなどの分野に関する専門学校。

意見と質問

本書（日本語翻訳版）の内容については、最大限の努力をもって検証、確認していますが、誤りや不正確な点、誤解や混乱を招くような表現、単純な誤植などに気がつかれることもあるかもしれません。そうした場合、今後の版で改善できるようお知らせいただければ幸いです。将来の改訂に関する提案なども歓迎いたします。

連絡先は次の通りです。

株式会社オライリー・ジャパン
電子メール japan@oreilly.co.jp

本書のウェブページには、正誤表などの追加情報が掲載されています。次のアドレスでアクセスできます。

https://www.oreilly.co.jp/books/9784873119878
https://learning.oreilly.com/library/view/strategic-writing-for/9781492049388/（英語原書）

オライリーに関するその他の情報については、次のオライリーのウェブサイトを参照してください。

https://www.oreilly.co.jp/
https://www.oreilly.com/（英語）

目次

1章

Why：ユーザーと組織のゴールを達成する

良いデザインが高いと思うなら、悪いデザインにかかる損失を考えてみた方がいい
— RALF SPETH、JAGUAR LAND ROVERのCEO

「我々は言葉を直せる人を雇う必要がある」。私はこの言葉を、一緒に仕事をしていたチームメンバーや、話したことのあるUXリーダーから何度か聞いたことがある。いずれの場合でも、体験の中で言葉が「壊れている」箇所を指摘していた。このような人たちは、言葉を直すことによって、組織やその体験を利用するユーザーが重要な進歩を遂げることができると思っていたのだ。

私が見てきたいずれの場合でも、このような言葉を十分に「直す」ために、何年も尽力しているが、言葉を直すことは決して終わらないだろう。次の比喩について考えてみて欲しい。「壊れた言葉で作られた体験は、壁が壊れた家のようなものである」。つまり言葉を直すことは、壁を修復するのと同じことなのだ。

もし壊れた壁が1枚だけで、建物が頑丈に作られていて、その穴が建物に必要な電気や配管、建築を支える力に影響しないのであれば、安く直すことができる。用語やメッセージ、情報設計に加えて、コンテンツを探し、維持し、国際化し、更新する方法が、体験を通して一貫していれば、あとは言葉を直すだけなのだ。

しかし、もしそれらが考慮されておらず、壊れた部分に電気や配管、支柱が通っている場合は、言葉だけで穴を修復することはできない。

根本的に体験を直すためには、戦略的なアプローチが必要となる。壁を修復し建物を支えるために、何かしらエンジニアリング、つまりUXライティングを適用する必要があるのだ。

さらに、それらの壁を修復することで、建物全体の強度が上がるというメリットもある。

UXコンテンツの戦略的な目的は、次の2つのゴールを達成することだ。そのゴールとは、体験に関する責任を負う組織のゴールと、その体験を利用するユーザーのゴールである。

1.1　ユーザーと組織のゴールを一致させる

架空の組織、TAPP交通システムのゴールを例として考えてみよう。TAPP交通システムは、とある都市の地域交通機関だ。TAPP社は他の交通システムと同様に、コストを削減し、その効果を実証しなければいけないという、絶え間ないプレッシャーにさらされている。また、車両を維持し人件費を払うための経費を、運賃や税金で賄う必要があるのだ。

TAPP社は、まずは一度バスに乗ってもらうことが重要だと考えているが、それだけでは十分ではない。ユーザーがリピーターとなり、政治的な選択を通して交通システムを支えてくれるように、住民との関係を築く必要がある。交通システムは、乗客を繰り返し巻き込んで**好循環**を確立する必要があるのだ。

組織が人々を惹きつけると、サイクルが始まる（**図1-1**）。そして集まった人々を説得し、体験を利用することを決断させる（コンバージョンを得る）必要がある。しかし、体験を提供するのであって単に売りつける訳ではない。その体験を良いものにするために、体験の流れにユーザーを乗せて定着させる（オンボーディングを行う）必要がある。そうすれば、ユーザーを体験に惹き込むことができるのだ。

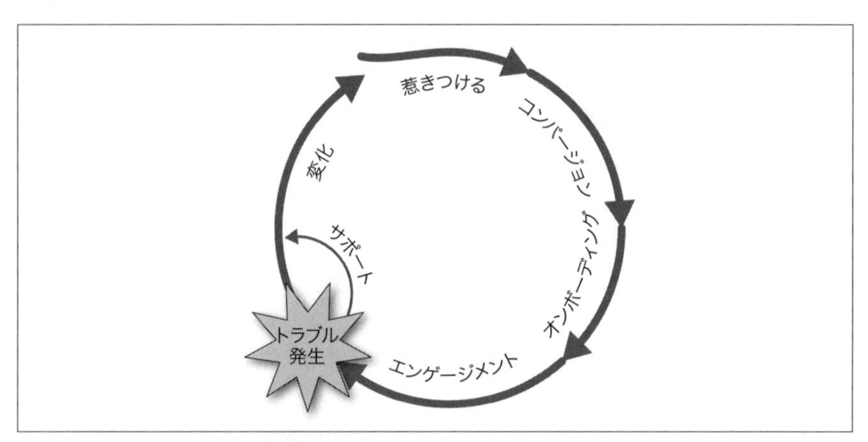

図1-1　組織から見た体験の好循環。一番上からスタートして、まず組織は人々を体験に惹きつける。そしてコンバージョンさせて、オンボーディングを行い、エンゲージメントを高めて惹き込むのだ。この好循環を完成させるためには、興味を持ってくれたユーザーをファンへと変化させて、この体験を他の人に紹介してもらうだけでなく、自分自身にもリピーターになってもらう必要がある

サイクルの中でも有益な点は、組織がその体験を利用するユーザーをファンに変えることができれば、組織は多大な利益を受けることができることだ。その体験のファンになった人は、自分自身で体験を好んで利用するだけでなく他の人にもおすすめしてくれるため、組織が新規顧客を得る手助けとなる。この変化は体験が優れていて、ユーザーにとって有益である場合に起こる変化であり、良いブランドと同じように、ユーザーの信念を反映している。

この変化は体験でトラブルが起こった場合にも起こりうるものだ。トラブルの原因に依らず（自然災害や悪いバス運転手など）、組織はユーザーを失うか、サポートするかのどちらかになる。体験を利用しているユーザーをサポートすることによって、よりユーザーを留まらせ、惹きつけることができるのだ。トラブルとなる要素を潜在的に仕込んでおき、早めに解決できれば、ユーザーを継続して惹きつけられるだけでなく、単に興味を持っていただけの人をファンに変化させることもできる。

TAPP社が惹きつけたいと思っている地元の人々は通勤や通学、医者、スーパーに行きたいだけだ。バスに乗ることはベストな選択肢かもしれないが、そのためにはバスの存在を認知して、信頼する必要がある。人々は交通システムの組織的なゴールを知らないだろうし、他の乗客が持つ様々なニーズや交通システムの大きなゴールについてはおそらく考えていないだろう。それよりも、運賃を間違えたり乗り換えを失敗したりすることや、満員バスなど、乗車に関するあらゆるトラブルを心配しているのだ。

私たちは体験を利用するユーザーの視点からサイクルを理解し、彼らがいる場所で出会う必要がある（**図1-2**）。まずやるべきことは、彼らがシステムについて知っていることを調査し、検証することだ。ユーザーはシステムに惹きつけて欲しいと思っているわけではなく、また交通システムの好循環の一部になろうとも考えていない。ユーザーは自分たちが取りうる選択肢を知りたいだけだ。

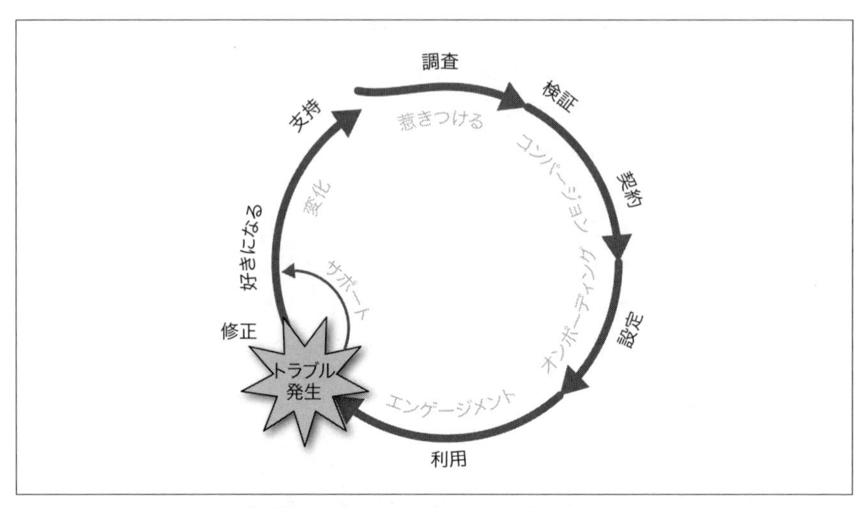

図1-2　好循環の中では、組織と体験する側の視点は異なる。組織が人々を惹きつけ、コンバージョンを得て、定着させ、惹き込み、サポートし、ファンに変化させるのに対して、ユーザーはその体験を調査し、検証し、契約し、設定し、利用し、修正し、好きになり、支持するのだ。このような視点の違いを認識することで、組織はユーザーがそこで何をしているのかをより効果的に理解することができる

TAPP社が人々を惹きつけようとしている時には、ユーザーは自分が行きたい場所へ時間通りに行けるかどうかを調べて、検証している。TAPP社がコンバージョンに関心を持っている時には、ユーザーはその体験を利用することを決断したり、決済したりしている。TAPP社がユーザーに対して、定着して愛着を持って欲しいと思っている時には、ユーザーはバスに乗車し、支払い、バスに揺られ、そして目的地に到着して欲しいと思っているのだ。

頻繁にTAPP社のバスに乗る人は、自分の属するコミュニティメンバーにもバスに乗るように促す傾向にある。その行為が、バスに乗ることのハードルを下げている。自分たちを公共交通機関の支持者だと思っているかどうかは別にして、TAPP社の交通システムに多くの乗客を引き寄せる手助けをしてくれているのだ。

1.2　ゴールに合うコンテンツを選ぶ

好循環の中で、組織と体験を利用するユーザーがゴールを達成するのに役立つのが、コンテンツだ。どのようなコンテンツが役立つかは、そのユーザーが好循環のどこに位置するかによって異なる。

サイクルの最初の段階では、TAPP社のユーザーになってもらうためにマーケ

ティングコンテンツが役立つ。ユーザーはコンテンツに触れることで、その体験が自分に合っているかどうかを調べて検証する。このコンテンツは広告やプレスリリース、つまりツイートやブログ、投稿のようなソーシャルメディアのコンテンツ等を含む伝統的なマーケティングだ。例えば雑誌の記事や、Webサイトで見られるレビューや評価、アプリストアの製品ページなどがそれに当たる（**図1-3**）。

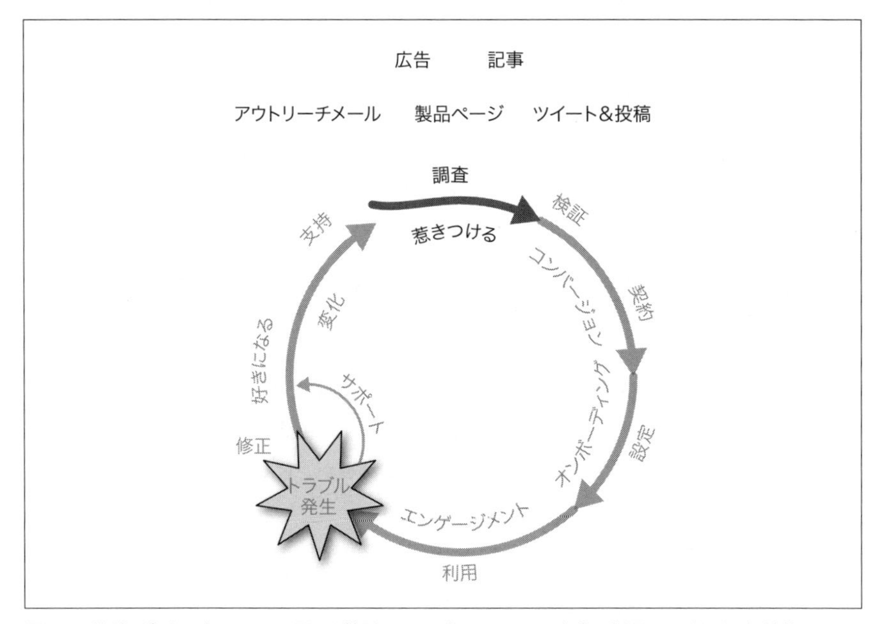

図1-3　体験が自分に合っているか否かを検討している人にとっては、広告や製品ページなどの伝統的なマーケティングコンテンツが有効だ。これらのコンテンツはユーザーを惹きつけるという組織のゴールに合っている

ユーザーが体験を知った後は、その体験が自分に合うかどうかを検証することができる。TAPP社のアプリケーションをダウンロードしてバスに乗るかどうかを決めるために（他の体験では、ソフトウェアを購入するかダウンロードするかを決める、という行為に値する）ユーザーは他者からの推薦やレビュー、製品の評価、その他コンテンツを参考にするだろう（**図1-4**）。これらのコンテンツはすべて、ユーザーが決断するのに役立つ。

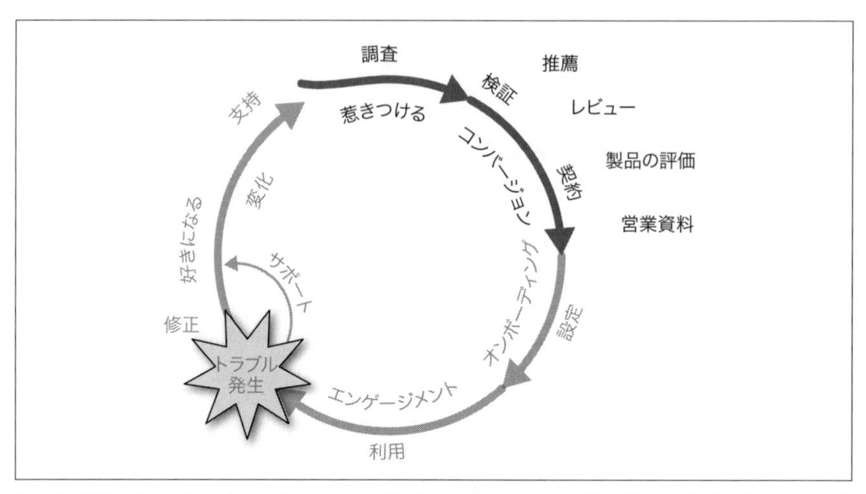

図1-4　購入するコンテンツなのかダウンロードする電子コンテンツなのかに関わらず、その体験が自分にとって本当に受けたいものなのかを見定めるためには、従来の営業資料に加えて、推薦やレビュー、評価などが適している

マーケティングが必要なのは、ユーザーが決断するまでだ。しかしその後も、ユーザーには体験をインストールしてもらう必要があるし、最初にどんな行動を取れば良いのかを知ってもらう必要がある（**図1-5**）。**ここからが、UXコンテンツの始まりだ。**

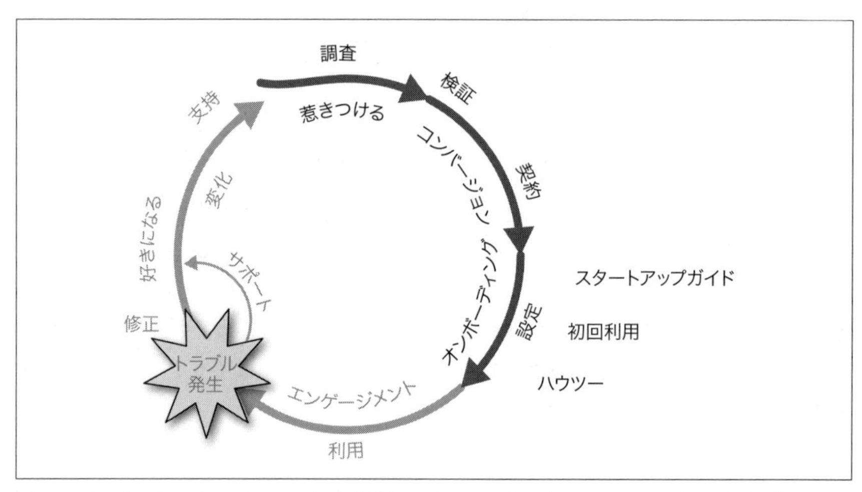

図1-5　オンボーディング、つまりユーザーを定着させるためにサポートすることは、ユーザーが体験を始めるために役立つ。体験の種類によって、最初に取り組む単純な体験から完全なスタートアップガイドやハウツー情報まで、様々な種類のコンテンツが必要になる場合がある

TAPP社のアプリケーションのような消費者向けソフトウェアでは、位置情報の許可をオンにしたり、バス運賃を支払うためにサインインしたりと、極めて少ない初期設定だけで利用することができる。TAPP社のアプリケーションの初回利用向けにUXテキストを書くことで、初めて利用する人がすぐにゴールを達成できるようにすることができる。

業務で利用するソフトウェアについては、設定が必要となることが多いのではないだろうか。悩ましいことに、業務用ソフトウェアの購入を決断する人は、たいていの場合、実際に設定する人とは異なる。ビジネスが十分大きい場合、IT専門家は、権限をどのように付与するかを決めたり、特別な設定を行ったり、体験が滞りなく提供できるようにデータを入力することもあるだろう。ソフトウェアを提供している組織であれば、セットアップ要員のためにUXコンテンツを提供することもできるし、また毎日体験を利用するユーザーに、異なるUXコンテンツを提供することもできるだろう。

体験するための準備が終わった後は、コアとなるUXテキストの出番だ。ここで語られる用語が、本書の大半のトピックに関わっている。UXテキストとはタイトルやボタン、説明文、もしくは音声体験であれば音声によるコメントや指示のことを指しており、ユーザーが体験の中で得られるインタラクションの半分以上を占める。

ゲームや金融、地図アプリのように、体験の中に固有のコンテンツがある場合、ゲームのシナリオ、財務情報、地図という特別なコンテンツを求めてユーザーは体験を利用する。TAPP社はバスの運賃やパスの情報だけでなく、ルートやタイミングの情報も提供する必要がある。体験をうまく利用するためには、このようなコンテンツも必要となるのだ（**図1-6**）。

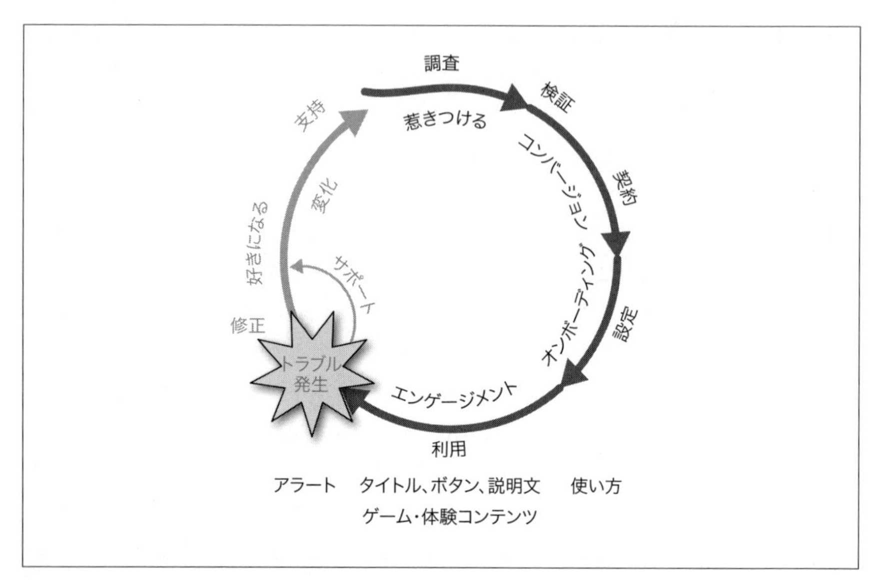

図1-6　ユーザーが体験を利用する時、タイトルやボタン、説明文に加えて、アラートや、別のゲームもしくは消耗品コンテンツなどのUXテキストに使われている言葉に関わることになる

ヘルプセンターの記事であっても、UXのコンテキストに組み込まれた記事であっても、ハウツーコンテンツにはまだ役割がある。次の一歩を踏み出すために、ちょっとした自信を付けたいと思うこともあるだろう。そんな自信と指示を、必要な時にユーザーに与えることが、ハウツーコンテンツの役割だ。

時には体験がスムーズにいかないこともある。TAPP社のユーザーがクレジットカードの有効期限を更新するのを忘れてしまったり、緊急時にバスのルートが突然変更されてしまうこともあるだろう。そんな時組織は、アラートやエラーメッセージを出すことでユーザーに情報を伝えて、ゴールを達成できるように支援することができる（**図1-7**）。またユーザーは、チャットボットやヘルプセンター、YouTube、サポートセンターの担当者から、トラブルシューティングのコンテンツを得ようとすることもあるだろう。

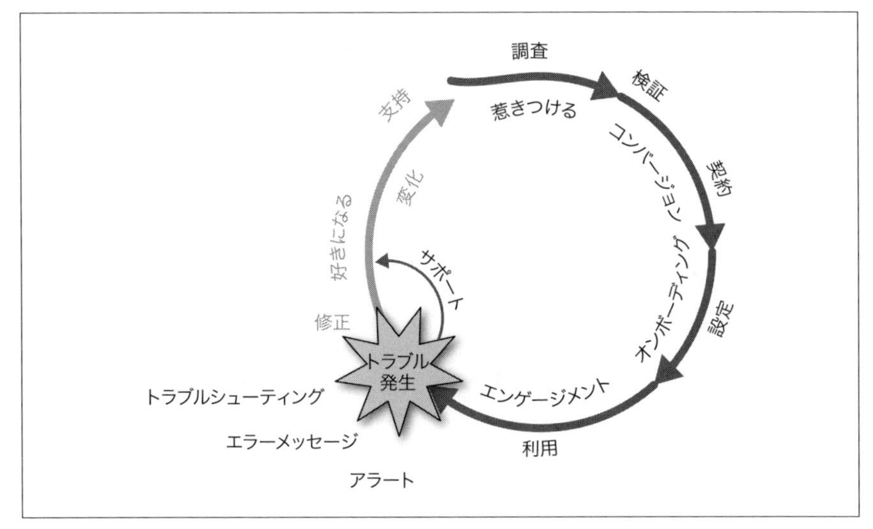

図1-7　体験でトラブルが起きたら、エラーメッセージやアラート、トラブルシューティングのコンテンツを提供する

体験のトラブルを通してユーザーをサポートすることで、その人たちを体験のファンにすることができるが、他の方法もある。様々なエンゲージメントに対してバッジを与え、体験の中でユーザーが評価を得られるようにすると、別の体験に乗り換えると失ってしまうような、その体験ならではのユニークな要素を作ることができるのだ。

体験はコミュニティを作ることもできる。例えば、フォーラムに参加してゲームについて議論するようなゲーム愛好家たちや、同じオンライン販売プラットフォームの販売者たち、特定の教室管理システムを利用している教師たちなど、たくさんの例がある。体験の熱狂的なファンは秘訣やコツを共有したり、専門家として認められたりするためにフォーラムに参加する。

組織は、フォーラムやトレーニング、カンファレンスなどを提供することで、体験のファンたちが新しい人に紹介できる機会を作り、体験の魅力とブランドを高めることができる（**図1-8**）。

これらを合わせて考えると、組織が作る体験は膨大な量のコンテンツで構成されることになる（**図1-9**）。このコンテンツは、体験を購入し、設定し、利用し、そしてうまくいけば体験の支持者となるユーザーたちと組織との関係性全体に共通するものだ。

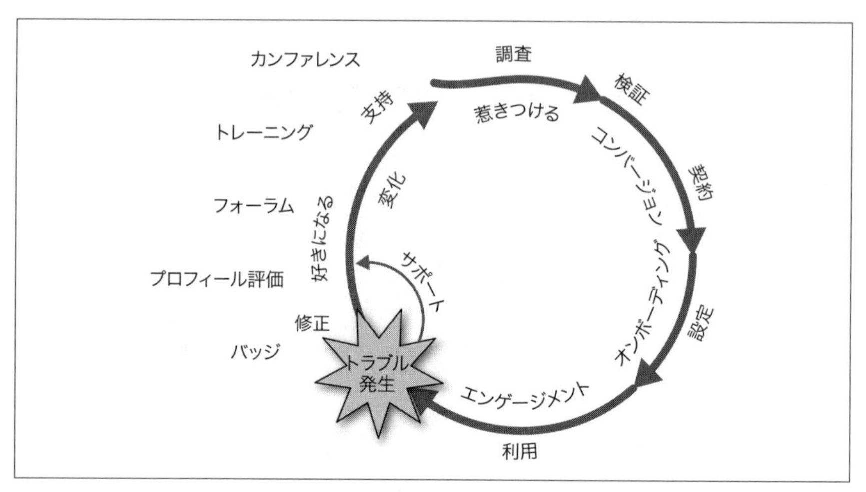

図1-8　体験と組織をより好きになる理由を与えるために、外では得られない固有の価値を体験に付与し、体験の中でコミュニティを作ることで、より多くの人を惹き込むことができる

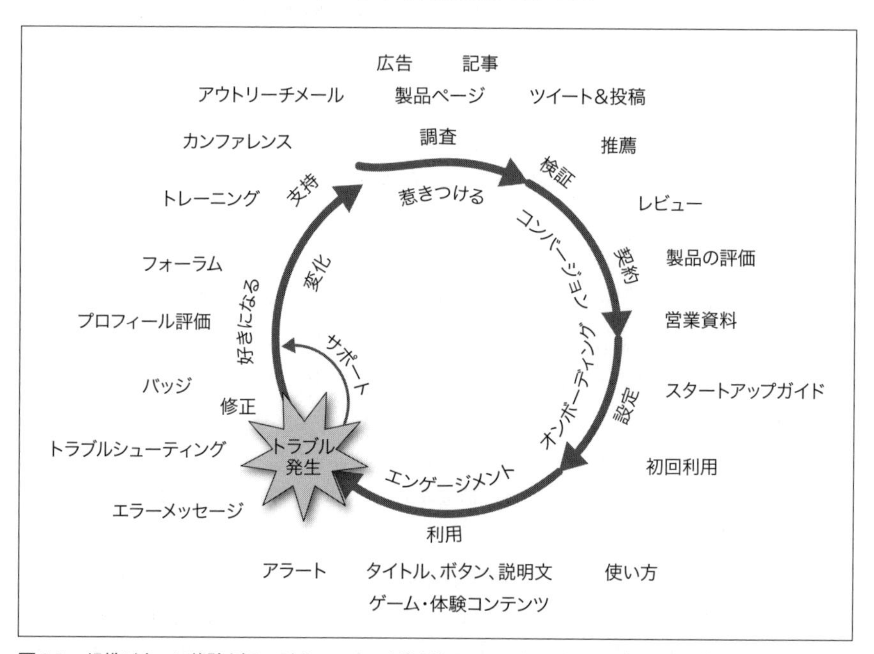

図1-9　組織が人々に体験を知ってもらい、人々を巻き込み、エンゲージメントを高め、再び惹きつけるために利用するコンテンツの例。コンテンツがシステムとして設計されている場合、組織は利益を得ることができる

今日では、サイクル全体でコンテンツを計画している組織は非常に少なくなっている。人々を惹きつけて体験を利用するように導くようなマーケティングコンテンツがなければ、組織は失敗するだろう。また、ユーザーを定着させたり、エンゲージメントを高めたり、サポートできたりするようなコンテンツがなければ、ユーザーが体験を受けてもエンゲージメントは高まらず、支持者にすることもできない。UXライティングとは、このようなコンテンツを作成する方法なのである。

1.3 目的・機会・制約を見極める

ライティングは、すべてのデザインやエンジニアリングのスタート地点、つまり体験の目的、機会、制約を特定するところから始まる。ライティングを始める前に、ライターは体験を利用することになる人々のゴールと、体験を提供する組織のゴールを特定する必要がある。

体験のゴールを知るためには、ライターはそのゴールを理解し定義している人々(プロダクトオーナー、デザイナー、マーケター、リサーチャー、エンジニアなど)や、体験を利用するユーザーと協力しなければいけない。アイデア出しや開発の初期段階から、ライターは同じミーティングに参加し、チームと協力して体験を理解し、定義する必要があるのだ。

テキストの主な目的は、組織と体験を利用するユーザーのゴールを満たすことだが、テキストには両者を守る役割もある。例えば、体験を利用するユーザーは、自分のデータがどのように利用され、保護されているかを正しく理解する必要がある。同様に組織は、時間、お金、エネルギーについて責任を負わないように保護される必要がある。

UXライターはローカライズするために使えるリソースや、エンジニアリングとUXコンテンツをマーケティングやセールス、サポート向けコンテンツと調整するタイミングなど、ビジネス上の制約を最初から知っておく必要がある。また、体験を利用するユーザーが流暢に使える言語や、どのようなシーンでどのデバイスを利用しているかなども知らなければいけない。体験が出来上がるにつれて、ハードウェアが出荷される前にどのテキストをコーディングすべきなのか、可動中のサービスにおいてどのテキストを更新できるのか、技術的な制約や表示、デザイン上の制約(URLの長さの最大値やテキストボックスのサイズなど)を知る必要がある。

UXのためのライティングは、UXのためのデザインやコーディングと同じように、デザインとエンジニアリングのプロセスであり、作成と測定、反復のプロセスである

（**図1-10**）。

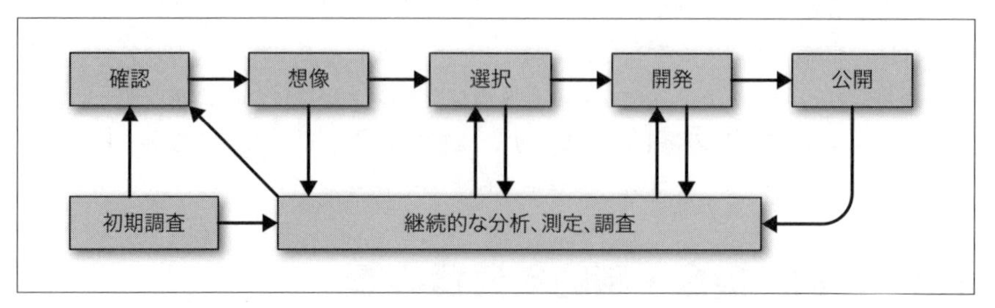

図1-10　UXのためのライティングは作成と測定、反復のプロセスだ

人々を体験に惹き込むためには、その人々が既に理解している言葉で話を進める必要がある。UXライターはチームと一緒になって、組織とその体験を利用する人の状況について、基礎的で予備的な調査をすることもあるだろう。

この初期調査では、UXライターは、相手を傷つけるような言葉や攻撃的な意味合いを持つ言葉など、体験の中で慎重に扱わなければいけないセンシティブな話題に耳を傾けることができる。もし体験が金銭や健康、プライバシー、また子供に関係する場合は、複雑な法律や規制などの制約もある可能性が高くなる。これらの制約は、体験で使う言葉をデザインする前に理解することが不可欠だ。

これで私たちはどこへ向かいたいのか、どんなツールや制限があるのかを理解した。それではいよいよ、最もワイルドでクリエイティブな活動、ゴールにたどり着く方法を考えてみよう。

1.4　想像とソリューションテスト

ライターにとって、デザインとエンジニアリングのプロセスにおいて最もクリエイティブな活動は、ユーザーがまるで体験と会話をしているような没入感のあるものや、過去に反応のよかったテキストを新しい状況に適応させるような単純なことを考えることだったりする。しかし、非現実的なものか平凡なものかに関わらず、明確に異なるソリューションを複数思い浮かべることが仕事だ。使えそうなソリューションをたくさん見つけることによって、チームが前進するためにベストなものを選ぶことができる。

この想像とテストは1人で行うものではない。1人だけでアイデアを引き出そうとしても、可能性の幅を最大限に広げることは難しい。UXライターはUXコンテンツについてベストなアイデアをまとめる責任があるとはいえ、素晴らしい言葉のアイデアが出せるのはUXライターだけではない。ベストなワーキンググループには、技術的、法律的、金銭的な検討が発生する場面やそれらの制限に詳しいチームメンバーと、その体験を利用することになる人々が含まれている。そこには、専門家や初心者、愛好家や疑い深い人、組織のファン、そして、最初から入っていなければ体験を受けそうにない排除の専門家*1が含まれている。

このワーキンググループは、デザインスプリントやブレインストーム、第3章で説明する会話型デザイン演習のような形式的なデザイン活動に参加することになるだろう。また非公式な場でも、リアルタイムに、非同期に、共同作業を行うこともある。UXライターは、グループを団結させるために参加して、特別な才能を発揮して言葉やフレーズを決定する。ライターはチームで様々な用語が使われていることに気付けるようにサポートして、言葉や定義を明確にすることでアイデアの理解を促し、グループの全員が理解できるように、生まれたソリューションを明確にすることをサポートする。

ソリューションが出来た後は、テストする必要がある。グループがベストソリューションはどれだろうかと選ぶ際には、様々なソリューションについて何が機能していて何が機能していないかを理解することが極めて重要である。UXライターは、継続的な研究から世の中の人々が使っている言葉や、彼らに刺さるフレーズを学ぶのである。人々がどのような言葉を使いたいと思うのかを引き出す質問を作るために、UXライターはUXのリサーチャーたちと協力するといいだろう。

UXデザイナーは、体験が最も一般的なものになるように、フローを最初から最後まで作らなければいけない。その中でUXライターは、デザイナーと密に連携して、言葉を洗練させる。そのために、デザインに含まれるインタラクションやビジュアルデザイン、そしてテキストがうまく機能するように、デザイン内のすべてのUXテキストを書き起こす必要がある。そして、チーム全体がアクセスできるツールを使って、ベストな選択肢を共有するのだ。

UXテキストを書く際は、最初から完璧な言葉にする必要はなく、言葉を少しずつ良い言葉に置き換えていき、最適な言葉を見つけるまで繰り返す。このようにして、

＊1　『Mismatch: How Inclusion Shapes Design』（Kat Holmes著、MIT Press、2018年）ではKat Holmesが排除の専門家を「ソリューションを利用する際に最大のミスマッチを経験する人、もしくは最もネガティブな影響を受ける可能性のある人」と定義している。

目的意識を持って保守的だけれども簡潔で会話的な、そして組織のブランドから由来していると認識できるようなテキストを作るのである。

最後に、チームは体験を、場合によっては機能やアップデートを、公開する準備をする。UXライターはすべての画面に表示される言葉を1人で担当することができるため、体験全体を幅広くかつ詳細に把握している貴重なメンバーであることが多い。ライターはユーザーが押すべきボタンやそれぞれのエラーメッセージが何を意味するかを正確かつ詳細に知ることができるため、サポートやマーケティング、PR、販売パートナーを手厚くサポートすることができる。

1.5 まとめ：言葉が体験を機能させる

この本では、UXライターのための具体的な例やツール、アドバイスを紹介する。しかし、この章でお伝えした通り、プロセスは必ずしも明確だとは限らない。例えば、時には明確なゴールがないままに体験が作られてしまうこともあるし、時にはUXライターがデザイナー、またはプロダクトオーナー、フロントエンジニア、マーケッターを兼務している場合もある。また、チーム（または個人）が複数の選択肢を作らずに1つのビジョンを追求することもある。ほとんどのチームが、言葉に秘められた力を知らず、ライターと何をすればいいのかも知らないのだ。

例えあなたのデザインやエンジニアリングプロセスが理想的ではない場合でも、偉大で戦略的なUXコンテンツを作成することを、私はおすすめする。もし組織やチームが目的を理解せずに進みそうになっている場合は、あなた自身で目的を見極めることもできる（第2章：声）。また、真っさらのテキストを自分で作ることもできるし（第3章：会話デザイン）、ゲリラ的なUXリサーチ戦術やヒューリスティックを用いて複数の選択肢をテストし、最終的にテキストがもたらす影響を見積もることもできる（第6章：測定）。会話的で簡潔な、目的をもったテキストを提唱し（第5章：編集）、テキストパターンを活用してより素早く書くこともできるだろう（第4章：テキストパターン）。体験が成功した時の測定基準を利用して、測定値をテキストに反映することさえできる（第6章：測定）。また、もしチームのためにUXライティングを始めたばかりの場合は、活躍の場を広げることができるだろう（第8章：30/60/90日計画）。

2章
言葉：あなたを認識するための要素

彼らはあなたが言ったことは忘れるかもしれないが、
感じたことは決して忘れないだろう。
— 出所不明、多くの人に語られている

人間はインタラクションによって影響を受けているため、あなたが作り出す体験からも、何かしらの感情を得るだろう。そんな体験に責任を持つ組織として、その体験でユーザーがどのように感じるのかを心に留めていただきたい。その感情があるからこそ、ユーザーに体験を認識させたり、一貫性を持たせることができるし、競合他社との差別化ができる。**言葉とは、コンテンツがその感情を生み出すための特性なのである。**

第1章で見たように、組織はユーザーと関わる至る所でコンテンツを利用する。好循環の中で言葉の選び方が一貫していると、ブランドの親和性が強化され、ユーザーは組織やその組織が提供する体験に対して忠誠心を持つようになる。しかし、コンテンツが生み出す感情をどうサポートするかを考えなければ、ユーザーは愛着や反発、忠誠心、嫌悪感、もしくは混乱などを感じたまま放置されてしまうかもしれない。

この一貫性を保つ上で最大の障壁となるのが、コンテンツを書くチームメンバーの多さである。大きな組織では異なる部署に所属していることもあり、お互いのことを意識していないこともあるかもしれない。そんな場合は、言葉の選び方のルールを共有しておくことで、多様なチームでもまとまりのある言葉を作成しやすくなる。

例えば、私が2010年にマイクロソフトで働いていた時に携わっていたXbox 360では、ゲームシステムのコンソールが、ユーザーの側に座って、プレイを手助けしているように話すことを意識していた。ターゲットとなるユーザーは、自分のゲームをプレイしたいと思っているコンソールゲームの愛好家であると、マイクロソフトのチームはよく理解していた。ユーザーの側に座ってプレイを手助けするとは、決してコントローラーを取り上げてプレイしてしまうというわけではない。それでは嫌悪感や失望感、フラストレーションを抱かせてしまう。そうではなく、簡単に進められるように、何をすべきかを的確に教えてくれるということである。そうすることで、仲間意識や達成感、帰属意識を刺激することができるのだ。製品を作っている人にとって、ソファに座ってゲームをする人やその役割は馴染み深いものだったため、言葉を定義し文書化することは簡単だった。

Xboxがコンソールゲーム愛好家を超えて幅広いユーザー層に広まり始めた時、私たちは言葉を合わせていった。誰がプレイしていても、また、テレビを見たり音楽を聴いたりするためにコンソールを使っていても、いずれの場合でもポジティブな体験ができるはずだ。私たちは「フェアに、軽い気持ちで、プレイし続けてもらう」のように言葉を再定義し、プレイしている時の感情や達成感、楽しむことにフォーカスしたのだった。

このようにくだけた言葉の選び方は、その言葉を一貫して理解しているからこそ成り立つものだ。どのチームも一枚岩ではないため、その表現をチーム全員に理解してもらうことは大きな課題だ。人によって言葉に対して抱く感情は異なるだろう。同じ言語を話す人でも、住んでいる場所や生い立ちは異なるし、複数のチームが同じ言葉を扱わないといけない場合でも、チームが互いに関わることなく作業を各々進めている可能性もある。

Xboxにおける言葉の選び方を変更するために、私たちはXboxのビル内にポスターを掲示して、その情報を広めた。さらに専用のメールアドレスを作成して、オペレーション担当から開発者まで、誰でも簡単に専任のUXライティングチームに連絡を取れるようにした。一方UXライティングチームは、お互いの意見を一致させるために、デザイン批評や廊下でのブレインストーミングセッション、テキストのペアレビューなどを行った。

UXライティングチームが存在しない場合、テキストの作成、及び取り決めた言葉の選び方に合わせるプロセスは、組織全体で管理する必要がある。テキストの責任を1人の担当者に集中させても、管理しきれないだろう。時には、担当者がいなくてもUXコンテンツを作らなければいけないこともあるだろう。OfferUpで同様の課題に直面した時、言葉の選び方を定義するために、私は社内で誰でも利用できるようなボイスチャートを作成した。

2.1 3つの事例

フィクションを書く際には、対話から、つまり話し方やその内容から、それぞれのキャラクターを判別できるようにすべきである、という格言がある。また、体験を利用するユーザーが、コンテンツのどこを見てもその体験であるとわかるようにすることも、体験の中の言葉を定義する上で目指すべきゴールである。

そうすることで、組織からのメッセージや映像を見た時にすぐに認識してもらえるだけでなく、安心や信頼を与えることができるのだ。

例として見てもらうために、3つの体験を作成した（**図2-1**）。そのうちの1つは、第1章で紹介したTAPP社の例だ。

- **チョウザメ倶楽部**：クラブイベントの最新情報や施設の利用予約、会費の支払い、メニュー、カレンダーなどを掲載したクラブ会員専用アプリ
- **'appee**：毎日テーマに沿ったチャレンジができるカジュアルなソーシャルゲーム。プレイヤーはテーマに沿った画像をアップロードして競い合い、賞品を獲得する。また、他のプレイヤーの画像を評価したり、コメントを付けたり、画像に描かれたアイテムを購入することもできる。
- **TAPP**：路線や地域ごとに更新される地域のバスサービスに関するWeb体験。乗車客はルート検索や運賃の支払い、アカウントの管理ができる。

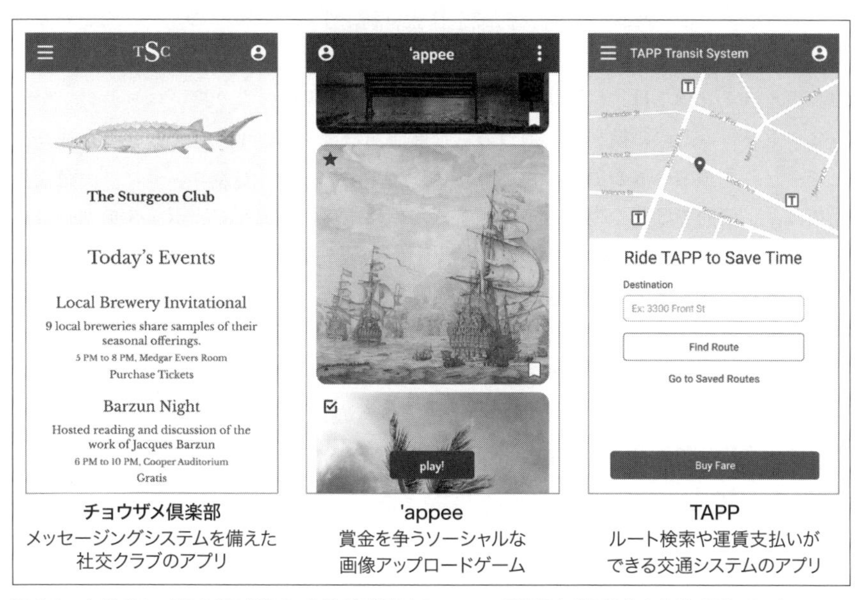

図2-1　本書では、ほとんどの例をチョウザメ倶楽部や'appee、TAPPなどの架空の体験で示している

断っておくが、これらのアプリでデザインの見た目について推奨しているわけではない。目的は、異なるデザインの選択肢がある中でも、同じUXコンテンツの原則が適用できるということを示すことだ。ここではモバイルデバイス上に表示したものを掲載しているが、チョウザメ倶楽部とTAPPは、どちらもWebアプリとしても利用できるものである。

会計ソフトやITソフトのように、業務向けの体験を作っている人は、これらの例がすべて一般消費者向けの体験であると気づくだろう。この3つの例を選んだのは、UXテキストにおいて類似点と相違点を比較できるからだ。業務用に設計された体験は特有の大きな課題があるが、本書に書かれているパターンやツールはどちらにも当てはまるので参考にして欲しい。

本書で紹介している体験の例において、私の狙いは、文脈を知らずとも、どの組織が作ったものなのかが分かるように、テキストの傾向に十分に違いを持たせることだ。そこで使われているUXテキストは、本章で紹介するボイスチャートを用いて導出し、作成している。それでは実際に中身を見てみよう。

2.2　ボイスチャートの作成

ボイスチャート（**表2-1**）には、組織や体験を利用するユーザーのニーズに、UXコンテンツを合わせるための意思決定ルールや作成ガイダンスとしての機能を備えている。ボイスチャートは、UXコンテンツを書き起こす際に、より良いコンテンツを作るヒントを得るために役立つ。複数の選択肢がある場合は、ボイスチャートを使うことで、どれを選ぶべきか簡単に決めることができる。また、UXコンテンツが完成した後は、主観的ではなく客観的に評価するための成功指標として、ボイスチャートを役立てることができる（第6章）。UXコンテンツを作成するチームメイトが複数いる場合、UXコンテンツにおける言葉の選び方を合わせる際にもボイスチャートが役立つ。まずはボイスチャートを作成しよう。使い方はその後で説明する。

表2-1のボイスチャートでは、製品ごとに決められた各原則を（次項で定義）を1列にまとめたものだ。次に、各原則について、音声の6つの側面、コンセプト、語彙、冗長性、文法、句読点、大文字表記がそれぞれの行に定義されている。

表2-1 空白時のボイスチャート

	原則1	原則2	原則3
コンセプト			
語彙			
冗長性			
文法			
句読点			
大文字表記			

各列の定義は、各列の見出しに書かれた製品の原則に関連している。そのため、列ごとに定義が異なる可能性もあるし、同じ行でも2つの列が互いに矛盾することも、補完することもある。

このような列ごとの違いは、ボイスとトーンの違いによるものだ。“ボイス”とは、体験全体にわたり一貫して認識できる“言葉の選び方”であり、“トーン”とは、体験の中である部分から別の部分へ移る時の“ボイスの変化”である。例えば、私の母親が電話しているのを耳にした時、見知らぬ人からの電話なのかそれとも親しい人からの電話なのかは、“トーン”ですぐに分かるが、それが母親の“ボイス”であることに対して戸惑うことはない。これと同様に組織や体験においても、例えばエラーメッセージや通知、お祝いの言葉などに応じて“トーン”が変わったとしても、その“ボイス”で認識できるはずだ。

これらのバリエーションを同じボイスチャートにまとめることによって、ライターは、UXコンテンツを体験全体の“ボイス”に合わせるために、意図的に“トーン”を入れたり変えたりすることができるようになる。

この章の残りの部分では、ボイスチャートを埋めていく。製品の原則から始まり、続けてコンセプト、語彙、冗長性、文法、句読点、大文字表記について述べる。

2.2.1 製品の原則

ボイスチャートの基礎となるのは、製品の原則だ。これらの原則では、利用ユーザーにとってその体験がどのようなものであるべきかを定義する。そして、“ボイス”はこれらの製品の原則を一語一句伝える役割を担う。

勘違いさせないために言っておくと、製品や組織の原則を決めることは、通常はUXライターの仕事ではない。組織の中にマーケティングや広告を担当するチームがいる場合、既にこれらの原則を定義している可能性がある。私がこれらの原則の策定を支援した際には、製品の原則を作ることがゴールではなく、作成した原則が承認された後に、UXコンテンツを原則に合わせることがゴールであると心掛けた。

組織内でまだ原則が定義されていない場合は、インタビューを行うことをお勧めする。『Nicely Said』(http://bit.ly/2Xo7wa2)（日本語版『伝わるWebライティング：スタイルと目的をもって共感をあつめる文章を書く方法』ビー・エヌ・エヌ新社、2015年）では、Nicole FentonとKate Kieferがブランドや組織、体験のゴールを決定するために、組織内の人々にインタビューするプロセスを説明している。もし運良くUXリサーチのパートナーがいる場合は、助けを借りるのもいいだろう。

インタビューの結果を参考に得られた最重要な原則を書き起こし、ステークホルダーとその原則について合意しよう。製品の原則を洗練させるプロセスが続くと、書き起こしたものから大きく変わるだろう。製品の原則を明確にする際に、組織から政治的な介入がある場合もある。そのため私は、最初に書き起こしたものだけでなく、2番目、3番目のものも捨てる可能性があることを想定して作成している。大切なのは会話を続けることであり、初期に書き起こしたものはステークホルダーが組織のゴールを理解するために役立つのだ。

本書の例では、各組織ごとに3つの製品原則を考えた。なお、組織によっては3つよりもっと多い場合も少ない場合もあるため、3という数字にこだわる必要はない。

◘ チョウザメ倶楽部

チョウザメ倶楽部の目的は、会員たちの交流と休養のためにプライベートで優雅な場を提供することだ。この目的を実現するために、倶楽部の役員と運営リーダーは、物理的な建物や内部の空間、そして会員が倶楽部で過ごす一瞬一瞬が優雅さに包まれ、仲間意識を生み出し、会員と倶楽部の伝統を結びつけるものにしようと決めたのだ。

表2-2は、チョウザメ倶楽部のボイスチャートの最上段を示したもので、「優雅さに満ちた」「仲間意識を育む」「伝統に結びつく」という3つの製品の原則を列の見出しにしている。

表2-2　チョウザメ倶楽部のボイスチャートにおける製品の原則

	優雅さに満ちた	仲間意識を育む	伝統に結びつく

◘ 'appee

'appeeの目的は、プラットフォームのコンテンツを作成し、広告に惹き込み、商品を購入してもらうことで、プレイヤーを楽しませる魅力的な体験を作り出すことだ。シリアスなアート体験で競い合うのではなく、遊び心のある戦略で、意外性のあるエンターテイメントと気づきの瞬間を提供しようとしている。

このように、'appeeの製品の原則は、「遊び心がある」「気づきを与える」「意外性がある」となっている（**表2-3**）。

表2-3 'appeeのボイスチャートにおける製品の原則

	遊び心がある	気づきを与える	意外性がある

◘ TAPP

TAPPの目的は、地域の交通システムそのものの目的、つまり地域内の人々を移動させることの延長線上にあり、それは、オンライン体験を通じて、一般の人々が効率的で信頼でき、アクセスしやすい方法で人々を移動させることである。そのためTAPPのボイスチャートでは、「効率的」「信頼できる」「アクセシブル」（アクセスしやすい）という原則を見出しにしている。

表2-4 TAPPののボイスチャートにおける製品の原則

	効率的	信頼できる	アクセシブル

2.2.2 コンセプト

ボイスチャートは、製品の原則を支えるだろうコンセプトを予め定義するために役立つ。コンセプトとは、どんな場面でも重視したいアイデアやトピックのことであり、組織がユーザーに体験を通して影響を受けて欲しいことを反映したものである。

これらのコンセプトは、体験自体と組織の狙いが延々と議論され続けなければいけないということを意味しているわけではない。その代わり、先に可能な限りこれらのアイデアを含めておく。またコンセプトは、使用する言葉を指定するものではなく、理念や活動に関係なく土台として決めておくべきアイデアである。

◘ チョウザメ倶楽部

例えばチョウザメ倶楽部では、説明において、一体感や倶楽部の親密感を表現するように指定されている（**表2-5**）。例えば、公式のイベントスペースを単に「定員124名」と表現するのではなく、「最大124名の会員と交流できる」と表現する。

表2-5　チョウザメ倶楽部の製品の原則に沿ったコンセプト

	優雅さに満ちた	仲間意識を育む	伝統に結びつく
コンセプト	細部が完成されている、機能性や装飾性の豪華さ	一体感、親密感、裁量	倶楽部会員との確かな繋がり、歴史、名声、権力

◘ 'appee

'appeeのコンセプトは、意外性のある情報や、ちょっとした喜び、偶然である（**表2-6**）。例えば、ある人の得点の高い画像に青が使われているという特徴があった場合、「特に青い画像が高得点です」か「他の人はブルーな気分かもしれませんが、あなたにとって青は悲しいものではありません」というメッセージ（両方とも“ボイス”に沿っている！）を選択できる。

表2-6　'appeeの製品の原則に沿ったコンセプト

	遊び心がある	気づきを与える	意外性がある
コンセプト	気取って大成功を望むのではなく、ちょっとした喜びを与える	特にアイデアが交わった時に見つけた共通点	予測できない（間違った方向への誘導や困難が楽しいものになりうる）

◘ TAPP

TAPPの体験には、新しいコンセプトがほとんど追加されていない。あるとすれば、「無駄がないこと」「時間通りに乗車できること」「あらゆる乗客が含まれていること」という運営上の原則をサポートすることに特化したものである（**表2-7**）。例えば、特定の停留所のバスルートについて、「98%が定刻通りに運行している」と表示するといったものだ。

表2-7　TAPPの製品の原則に沿ったコンセプト

	効率的	信頼できる	アクセシブル
コンセプト	無駄がない	すべての運行が時間通りである	あらゆる乗客のために運行する

2.2.3　語彙

特定の単語が“ボイス”の原則を支えたり、逆に阻害したりする場合は、「語彙」の行を使って指定する。原則の実現に役立つ単語がない場合は、この行を省略してもいい。

この語彙の行は、頼みになる単語リストや用語リストにとって代わるものではない。単語リストは従来型のスタイルガイドのような部分で、「canceled」と「cancelled」*1のようなスペルや用法の選び方を定めたものである。用語リストは、その体験において特有の意味を持つ単語を定義する。それに比べて、ボイスチャートにおける語彙の行は、体験の個性を定義づけるような、体験にとって非常に重要な単語だけを指定している。

■ チョウザメ倶楽部

チョウザメ倶楽部の語彙は、社会秩序を強化する役割を果たしている（**表2-8**）。倶楽部の会員は栄養士やコンシェルジュなどのスタッフとアポイントを取るかもしれない。しかし、会員同士は顔を合わせる。例えば、ある会員を「元会員」と呼ぶような、個人の一般化は避けなければいけない。

表2-8　チョウザメ倶楽部の製品の原則に沿った語彙

	優雅さに満ちた	仲間意識を育む	伝統に結びつく
語彙	一般化を避ける（「とても」「本当に」など）	safeではなくsecure*2、会員との面会、スタッフとのアポイントメント	会員、名誉会員、会員（故）、「元会員」を避ける

■ 'appee

'appeeにおける語彙は、チョウザメ倶楽部とは異なる。**表2-9**では、「遊び心がある」「意外性がある」において使用する語彙や避けるべき語彙は何も指定されていない。「水曜日の写真が一番高評価です」のような「隠喩を使わない平易な表現」といったように、たった1箇所しか語彙について言及されていない漠然とした定義だとしても、重要である。

表2-9　'appeeの製品の原則に沿った語彙

	遊び心がある	気づきを与える	意外性がある
語彙	（特になし）	隠喩を使わない平易な表現	（特になし）

■ TAPP

表2-10のTAPPのボイスチャートでは、体験全体で使えそうな単語が明記されて

＊1　［訳注］「canceled」と「cancelled」はイギリス英語とアメリカ英語の表記の違いでありどちらも正しいものであるが、体験の中でこれらが混在しないように、どちらかに統一する必要がある。

＊2　［訳注］「safe」は安全な状態を示し、「secure」は能動的に対策した結果、安全を確保するという意味となり、微細な差がある。

いる。特筆すべきは、「アクセシブル」という原則では「利用不可」「無効」といった単語を絶対に使わないようにと書かれている一方、「利用可能」「簡単」「準備完了」といった単語の使用が推奨されているという点である。実際には、車椅子やその他の補助装置を利用する人を除外するような言葉を避け、代わりに、利用可能なもの、簡単なもの、準備できているもの、逆にそうではないものを明記することで、そのような人々も利用者として含めている、ということだ。

表2-10　TAPPの製品の原則に沿った語彙

	効率的	信頼できる	アクセシブル
語彙	速い、時間の節約、お金の節約	規則的、時間通り	利用可能、簡単、準備完了、禁止用語：利用不可、無効

2.2.4　冗長性

ユーザビリティを厳格にするためには、体験の中で使われる単語がユーザーの邪魔にならないようにする必要がある。UXテキストは、じっくり味わったり、楽しむために読むものではない。しかし、多い言葉が求められている箇所で少ない言葉を使うと、少ない言葉で簡潔に述べるべきところで多く語ってしまうことと同様に、ユーザーの行動を妨げてしまうことがある。画面の大きさや読む対象の形式によっても違いがある。例えば、テレビ画面よりもデスクトップパソコンやモバイル機器で読みたいと思う人も多いようだ。

■ チョウザメ倶楽部

チョウザメ倶楽部では意図的に一定のペースを保っている。成長拡大に時間を惜しまないため、形容詞や副詞を使って説明を強化している（**表2-11**）。また倶楽部は、カジュアルな雰囲気になる場面であっても、フォーマルな雰囲気を醸し出すため、短いフレーズを使いがちな場面であっても、完全な文（つまり多くの単語）を使う。しかし、堂々としたペースにすると、会員の時間を無駄にしてしまうという緊張感がある。会員はお互いに仲間意識を築くためにいるのであって、コンシェルジュやスタッフ、体験のためにいるわけではないのだ。

表2-11　チョウザメ倶楽部の製品の原則に沿った冗長性

	優雅さに満ちた	仲間意識を育む	伝統に結びつく
冗長性	形容詞/助動詞を使って返答や説明を充実させる	簡潔に伝えて立ち去る（コンシェルジュと話すためにいるわけではない）	短い句が一般的な場合でも完全な文で表現する

◘ 'appee

'appeeは冗長性の行に「遊び心」を入れている（**表2-12**）。カジュアルなゲームにするために、'appeeは難しさやチャレンジングな要素を導入する必要がある。そのための1つの方法として、ポイントを伝えるために実際に必要な単語数よりも少ない単語で表現している。“ボイス”はどんな体験においても、料理におけるスパイスのようなもので、少なすぎるとまずくなるし、多すぎると食べられなくなるということを、'appeeのボイスチャートにおいて、この「遊び心」のセルを見ると思い出すことができる。もしUXライターが“ボイス”の冗長性を過度に気にしすぎてしまうと、体験中のユーザーからも言葉がなくなってしまうかも…！

表2-12　'appeeの製品の原則に沿った冗長性

	遊び心がある	気づきを与える	意外性がある
冗長性	厳密に必要な言葉よりも少なくする	（特になし）	（特になし）

◘ TAPP

TAPPのボイスチャートにおける冗長性については、ユーザーの成功体験を守り、正確に、曖昧さがないようにするため以外には、不必要な形容詞や副詞を使うことを避けるようにと、チームで共有している（**表2-13**）。TAPPで使われる“ボイス”は、公共サービスとしての実用的な目的に合わせているのだ。

表2-13　TAPPの製品の原則に沿った冗長性

	効率的	信頼できる	アクセシブル
冗長性	乗客の成功体験を守る以外の目的で形容詞や副詞を使わない	正確な情報にするために十分な単語	明確な情報にするために十分な単語

2.2.5 文法

自然言語を使うことで、豊富なバリエーションでアイデアを構築して伝えることができるが、そのすべてが体験で機能するわけではない。ユーザビリティを最大限に引き出すためには、シンプルな文法構造が最も効果的だ。例えば英語では、「バスは正しいお釣りと交通パスを受け付けている」のような単純な主語・述語の文章や、「交通パスにお金を追加して」のように動詞・目的語で表現される命令形の指示がある。

しかし、単にユーザビリティを最大化するだけでは、ロボットのような人間らしくないトーンになってしまう。そのため、製品の原則をサポートする文章構造やその他の文法を選ぶことで、ユーザビリティと体験の個性の適切なバランスをとっていくのである。

チョウザメ倶楽部

チョウザメ倶楽部はボイスチャートの文法を使うことで、倶楽部のカルチャーを強化している（**表2-14**）。優雅さを演出するには、複雑な文構造を考慮する必要があるが、仲間意識を育むためには、会員について語る際にシンプルな文法を使っている方が好まれる。最も重要なのは、倶楽部自体が、受動態や過去形、複雑な文章など形式にこだわった文法を用いることだ。

表2-14　チョウザメ倶楽部の製品の原則に沿った文法

	優雅さに満ちた	仲間意識を育む	伝統に結びつく
文法	体験を表現する際は、シンプルなものよりも複雑なもの、複合的なものが好ましい	会員を語る際は、シンプルな文法の方が好ましい	倶楽部について語る際は、受動態、過去形や、複雑な文章、複合的な文章が好ましい

'appee

チョウザメ倶楽部とは対照的に、'appeeでは現在時制と未来時制が好まれる。ルールを提示する際にも、ボイスチャートの文法で指定されている通り、完全な文は使わない（**表2-15**）。

表2-15　'appeeの製品の原則に沿った文法

	遊び心がある	気づきを与える	意外性がある
文法	現在時制と過去時制	（特になし）	フレーズが好ましい

TAPP

TAPPはボイスチャートの文法においても、引き続き実用的なスタイルを取っている（**表2-16**）。信頼性を強調するために完全な文を使っているが、簡単なフレーズであれば許容している。

表2-16　TAPPの製品の原則に沿った文法

	効率的	信頼できる	アクセシブル
文法	シンプルな文章やフレーズ	完全な文章	シンプルな文章やフレーズ

2.2.6 句読点と大文字表記

句読点や大文字表記*3については、体験のビジュアルデザインとタイポグラフィデザインの一部であるため、UXライターの範囲ではないという声も多くある。カンマの使用タイミングやエンダッシュ*4の使い方については、ほとんどの場合スタイルガイドが力を発揮する場所だ。組織で最初に使うスタイルガイドは、AP、Modern Language Association、Chicago Manual of Style、APA stylesなどの確立されたものを使用する場合がある。

スタイルがどう選ばれたかや、組織内の誰が決めるのかにかかわらず、句読点と大文字表記は、UXテキストの作成において毎回最も頻繁に発生するバグである。ボイスチャートの目的の1つは、議論の結果を記録することで、将来起こりうる混乱を回避し、体験を一貫したものに仕上げることだ。

◘ チョウザメ倶楽部

チョウザメ倶楽部のボイスチャートでは、倶楽部内の関係や役割を大文字を使うことでどう強調するのかを詳細に説明している（**表2-17**）。また、カンマ（,）を強調し、感嘆符（！）やチルダ（~）を使わないようにしている。

表2-17 チョウザメ倶楽部の製品の原則に沿った句読点や大文字表記

	優雅さに満ちた	仲間意識を育む	伝統に結びつく
句読点	カンマ、エンダッシュの代わりにコロンを使う、チルダや感嘆符は使わない	（特になし）	文章には終止句読点を含めるが、タイトルには含まない
大文字表記	タイトル、見出し、ボタンはタイトルケースにする*5	関係を示す単語（friend、spouse、parent）には大文字を使わない	メンバーの肩書きや役割、委員会の見出しや名前、役割は頭文字を大文字にする

◘ 'appee

'appeeでは飾りとしての句読点を楽しみ、伝統や形式にとらわれず、遊び心のあるものを好む。ボイスチャートには、大文字は重要性を示すために使うのではなく、

＊3 ［訳注］日本語には大文字表記という概念は存在しないが、代わりに漢字、平仮名、片仮名、数字であれば半角・全角のどれを使うのかといった定義が必要である。

＊4 ［訳注］日本語ではカンマは読点、エンダッシュ（–）は波線や括弧などで代替される。

＊5 ［訳注］タイトルケース（Title case）とは、冠詞や接続詞、前置詞などの一部の単語を対象外として、各単語の先頭を大文字にする表記法のこと。本書の原書名をこの表記法で書くと、「Strategic Writing for UX」となる。

強調のためだけに使われるべきだと記載している（**表2-18**）。

表2-18 'appeeの製品の原則に沿った句読点や大文字表記

	遊び心がある	気づきを与える	意外性がある
句読点	ピリオドを避け、絵文字、感嘆符、感嘆修辞疑問符、疑問符を使う	コロン、セミコロン、ダッシュ、省略記号の代わりにチルダを使う	（特になし）
大文字表記	強調の時だけ大文字を使う	文頭は大文字にする	（特になし）

◘ TAPP

TAPPでは効率性、信頼性、アクセシビリティを最大化するために明快さに重点を置いている（**表2-19**）。TAPPはカンマ（,）とピリオド（.）を利用し、セミコロン（;）、ダッシュ（—）、括弧ではさんだ表現や、疑問符（？）を避けている。タイトルやボタンは大文字で表記されているため、すぐにどの階層に属しているかがわかる。

表2-19 TAPPの製品の原則に沿った句読点や大文字表記

	効率的	信頼できる	アクセシブル
句読点	ピリオドとカンマを使う、疑問符を避ける、指示の際には終止符を避ける	ピリオドとカンマを使う、疑問符を避ける、指示の際には終止符を避ける	セミコロン、ダッシュ、括弧ではさんだ表現を避ける
大文字表記	タイトル、見出し、ボタンはタイトルケースにする	タイトル、見出し、ボタンはタイトルケースにする	タイトル、見出し、ボタンはタイトルケースにする

2.2.7 ボイスチャートの完成

すべての行を書き込んだボイスチャートは、UXコンテンツで組織と体験を利用するユーザーのゴールを達成するために非常に役立つツールとなる。ボイスチャートで決めていくことによって、誰がそのコンテンツを書いていても、一貫性を持った同じような“ボイス”で情報を伝えることができるのだ。

このようにボイスチャートを定義できると、“ボイス”の中にある矛盾を見つけることができる。例えば、'appeeは、気づきを与えるために隠喩を使わないようにと指定しているが、同時に、予測不可能で厳密に必要な言葉よりも少なくするといった指定もある。次のセクションで説明する想像のプロセスでは、ボイスチャート内のこういった葛藤を利用して、幅広く様々な解決策を導きだし、その中からどのように選んでいくかをお伝えする。

表2-20、**表2-21**、**表2-22**では、完成したチョウザメ倶楽部、'appee、TAPPのボイスチャートを紹介している。

表2-20 チョウザメ倶楽部のボイスチャート完成版

	優雅さに満ちた	仲間意識を育む	伝統に結びつく
コンセプト	細部が完成されている、機能性や装飾性の豪華さ	一体感、親密感、裁量	倶楽部会員との確かな繋がり、歴史、名声、権力
語彙	一般化を避ける（「とても」「本当に」など）	safeではなくsecure、会員との面会、スタッフとのアポイントメント	会員、名誉会員、会員（故）、「元会員」を避ける
冗長性	形容詞/助動詞を使って返答や説明を充実させる	簡潔に伝えて立ち去る（コンシェルジュと話すためにいるわけではない）	短い句が一般的な場合でも完全な文で表現する
文法	体験を表現する際は、シンプルなものよりも複雑なもの、複合的なものが好ましい	会員を語る際は、シンプルな文法の方が好ましい	倶楽部について語る際は、受動態、過去形や、複雑な文章、複合的な文章が好ましい
句読点	カンマ、エンダッシュの代わりにコロンを使う、チルダや感嘆符は使わない	（特になし）	文章には終止句読点を含めるが、タイトルには含まない
大文字表記	タイトル、見出し、ボタンはタイトルケースにする	関係を示す単語（friend、spouse、parent）には大文字を使わない	会員の肩書きや役割、委員会の見出しや名前、役割は頭文字を大文字にする

表2-21 'appeeのボイスチャート完成版

	遊び心がある	気づきを与える	意外性がある
コンセプト	気取って大成功を望むのではなく、ちょっとした喜びを与える	特にアイデアが交わった時に見つけた共通点	予測できない（間違った方向への誘導や困難が楽しいものになりうる）
語彙	（特になし）	隠喩を使わない平易な表現	（特になし）
冗長性	厳密に必要な言葉よりも少なくする	（特になし）	（特になし）
文法	現在時制と過去時制	（特になし）	フレーズが好ましい
句読点	ピリオドを避け、絵文字、感嘆符、感嘆修辞疑問符、疑問符を使う	コロン、セミコロン、ダッシュ、省略記号の代わりにチルダを使う	（特になし）
大文字表記	強調の時だけ大文字を使う	文頭は大文字にする	（特になし）

表2-22 TAPPのボイスチャート完成版

	効率的	信頼できる	アクセシブル
コンセプト	無駄がない	すべての運行が時間通りである	あらゆる乗客のために運行する
語彙	速い、時間の節約、お金の節約	規則的、時間通り	利用可能、簡単、準備完了、禁止用語：利用不可、無効
冗長性	乗客の成功体験を守る以外の目的で形容詞や副詞を使わない	正確な情報にするために十分な単語	明確な情報にするために十分な単語
文法	シンプルな文章やフレーズ	完全な文章	シンプルな文章やフレーズ
句読点	ピリオドとカンマを使う、疑問符を避ける、指示の際には終止符を避ける	ピリオドとカンマを使う、疑問符を避ける、指示の際には終止符を避ける	セミコロン、ダッシュ、括弧ではさんだ表現を避ける
大文字表記	タイトル、見出し、ボタンはタイトルケースにする	タイトル、見出し、ボタンはタイトルケースにする	タイトル、見出し、ボタンはタイトルケースにする

“ボイス”がどれほど体験の印象を決めるかを理解するために、「チョウザメ倶楽部」「'appee」「TAPP」のサインイン画面を並べて見てみよう（**図2-2**）。

図2-2 これらのサインイン画面では、3つのアプリそれぞれの“ボイス”の違いを説明している。それぞれの“ボイス”の例は、第4章で詳しく紹介する

それぞれの体験のデザインシステムはほぼ同じだが、文字が異なることで生まれた明らかな違いに注目して欲しい。チョウザメ倶楽部では「会員の電話番号」を指定し

て、「サポート」を提供している。'appeeはテキスト入力フィールドにラベルを記載しないことで、必要以上に文字を使わないようにしている（ユーザビリティのためには悩ましい選択である）。TAPPは分かりやすく、完全なラベルとボタンを使って、最も分かりやすい体験を提供している。

2.3 ボイスチャートを意思決定と反復のツールとして使う

ボイスチャートの地位を組織内で高めるためには、できる限り上位の関係者に承認されなければいけない。チームがボイスチャートを意識して、自分たちの仕事においてそれの価値を十分実感できるようにするためには、上位の関係者のスポンサーシップやサポートが必要になってくる。

まず、上位関係者に承認をもらうための場を計画する。セレモニーやお披露目会は、組織がアイデアへの投資価値を示す方法だ。ボイスチャートを意思決定ツールとして目に見えて効果的なものにするために、その投資が必要なのである。

ミーティングでは、ボイスチャートの項目1つ1つについて意思決定者に見てもらおう。書き換えて揃えることで良さが伝わるコンテンツの例をビフォー・アフターで見せよう。そして、ボイスチャートを使ってどのように意思決定するのか、感情やエンゲージメント、組織に関するその他の指標に対する影響をどのように測るのかを見せるのである（第6章を参照）。

そしてリーダーからチームへ、ボイスチャートを説明するために2回目のミーティングを設けた上で、ニュースレターやメール、もしくはチームのカルチャーに合った別のチャネルを使って意識を高めるようなフォローアップを行う。

ボイスチャートが組織で採用されたら、意思決定や改善のためのツールとして活用していこう。ボイスチャートの役割は、新人UXライターの育成、新しいテキストのデザイン、そして均衡を破るという3種類だ。

2.3.1 新しいコンテンツ制作者の育成

UXライターがチームに加入した際にやるべきことの1つが、体験の中で戦略的に使われている考え方や語彙、文法を把握し習得することだ。ボイスチャートは、組織の他の側面を学ぶのと同じように、“ボイス”についても学ぶことができる、構造化された参考資料となる。

他者からのフィードバックは、特に新しいチームメンバーを定着させるのに役立つ。ボイスチャートをフィードバックの根拠として使うことで、学びのスピードも速くなる。例えば、「私たちはできるだけシンプルな文法を使う必要があります。もっとシンプルにする方法はないですか？」「私たちの“ボイス”の一部であるということを踏まえて、このコンセプトについてもう少し補足してもらえますか？」といったようなものだ。

2.3.2　想像する

新しいUXテキストを考える際は、ボイスチャートを活用する。製品の原則から、体験の中のその瞬間に当てはまるものを1つ選び、その原則を強化するようなUXテキストを書き起こす。その後、一旦そのアイデアは置いたままで、2つ目の原則を用いて、その異なるアイデア、語彙、文法を使って書き起こす、というプロセスを繰り返す。

例えば、TAPPの製品の原則は「効率的」「信頼できる」「アクセシブル」だ。TAPPの体験のメイン画面には、ユーザーの位置情報が表示された地図、乗り換えルートを探すための検索ボックス、バス運賃を購入したり支払ったりするためのメインボタンなどがある。

見出しでTAPPの価値や約束事を紹介し、ユーザーが主に取り得る行動、つまりルート検索やバス運賃の支払いから気を逸らさせない表現にする必要がある。改善を重ねる際のガイドとしてボイスチャートを使うことで、3つそれぞれの原則に沿って、見出しを3種類作成した（**図2-3**）。

図2-3　TAPP交通システムのメイン画面。TAPPの原則に沿ってそれぞれ異なる見出しになっている

ブランドの一部である様々な製品の原則に合わせてコンテンツを作成することは、コンテンツを試作しているのだ。目的とその目的を達成する方法が明確に表現されていれば、UXテキストはより力を発揮できるようになり、目的を達成することができる。ボイスチャートはそのためにある。

どんなテキストでも、このプロセスを繰り返すことによって、多くのアイデアを出して、その中から選ぶことができるようになる。アイデアが非常に優れたものでバリエーション豊かであればあるほど、チーム内での会話が「単語を修正しなければいけない」というものから「ベストな選択肢を見つけてテストしてみよう」に変わっていく。そして、それらの選択肢の中からどれを使うかを決めるのだ。

2.3.3　意思決定とタイブレーク[*6]

UXテキストを選ぶ際に優れた候補が複数ある場合、それらをテストにかけることで効果の違いを試すことができる（テストと測定については、第6章で詳しく説明する）。

テストができなかったり、現実的でない、望ましくない場合は、通常、UXライターとチームが候補の中からお気に入りのテキストを1つ選ぶことができる。どちらを使うか複数の候補で意見が分かれている場合は、組織の意思決定方法に応じて決着を付ける。私が今までチームや組織で見てきた一般的な決定方法は、意見の一致によって決めるか、自治的に決めるか、階層的に決めるかの3種類だ。

意見の一致による決定

意見の一致で選びたい場合は、ベストな選択肢について説明が必要だ。差し迫っているニーズと広範な組織のゴールの両方を含めて解決すべき課題を説明し、議論の流れを作って欲しい。その中で、ボイスチャートを使うことで体験を利用するユーザーとブランドとの関係を構築するために何が組織に必要なのかを思い出させよう。

自治的な決定

組織が独立した責任のある仕事の仕方を好む場合は、UXライターであるあなたに選択権が委ねられているかも…！　他者からのフィードバックを求めることに加え、このチャートを「文章はチャートに沿って正しく書かれているか？」「事前に定義された文法に沿って表現されているか？」といったように、自分用のチェックリストとして使ってみよう。“ボイス”とユーザビリティの両方が素晴らしい候補が2つあれば、どちらを選んでもうまくいくだろう。コイントスで決めてもいい。

階層的・独裁的な決定

多くの組織では、誰が特定のノウハウや専門知識を持っているかに関わらず、階層の上位にいる人が意思決定者となっている。意思決定者は組織やチームにとってベストな選択をするために、専門家やネットワークに情報を求めるだろう。意思決定者が専門家を信頼していることが理想だが、そうでない場合、意思決定の助けとはならな

＊6　［訳注］タイブレークとは、「同数均衡を破る」という意味で、テニスなどのスポーツの試合で同点の状態から決着を付けるための特別なルールや手順のことを指す。ここでは、「複数のテキストから1つのテキストを選ぶための決め方」という意味で使われている。

い。その選択肢を取った時の利害を専門家やネットワークに相談することで、意思決定者と組織は、自分の意思決定に自信を持つことができる。

意思決定者が好む選択肢が“ボイス”に沿っていない場合、ボイスチャートが歯止めをかけてくれる。ボイスチャートを承認したのは意思決定者なので、ボイスチャートは意思決定者と同じ権限を持っている。例えば、CEOが承認したテキストにチームが反対する場合は、CEOを納得させるだけの根拠が必要だということだ。

2.4 まとめ：すべての言葉を棚卸しする

体験に使われる“ボイス”は、たくさんの候補から選ばれたテキストで成り立っている。たとえそれらの言葉が行動に影響を与えたかどうか判別できなかったとしても、その行動は、私たちが使うか否かを検討したテキストのアイデアから始まる。それは私たちが選ぶ単語、使う数、整理の仕方、句読点や大文字の使い方も関係している。

意図を持って体験の“ボイス”を作成すると、言葉の選択が力となり、組織とユーザーのゴールに合わせることができる。しかし、このツールは1人で作るものではない。ボイスチャートを作るには、幅広いステークホルダーが時間を投資する必要があるのだ。

UXライターが1人でボイスチャートを作成できると思っていたとしても、その誘惑に負けてはいけない。“ボイス”を確立するためには、最低でもマーケティング、リサーチ、プロダクト、リーダシップ、サポート、デザインの各チームの代表者を含んだチームで取り組む必要がある。体験にはその体験を作っている人々が反映されるので、製品の原則が“ボイス”にどのような影響を与えるのかを定義するプロセスを通してチームを導くことによって、より大きく、より拡張性のある成功を未来に生み出すことができるのだ。チームのメンバーが新しい“ボイス”に意識を持って会話できるようになるためには、それを自分たちで検討し、コミットし、実践する必要がある。また、チームが一丸となってボイスチャートを使うことで、ユーザーが求めている感情を生み出し、組織がより良い成功を得られるように導くことができる。

UXコンテンツでそのような感情を生み出すには、ユーザーが体験する言葉を書くことから始まる。次の3つの章では、その言葉を書き、編集し、測定するための実践的なテクニックを紹介する。

3章 コンテンツファーストデザインのための会話

デザイナーの役割は、ゲストのニーズを先取りする、気の利いたホストのようなものだ。
— CHARLES EAMES、アメリカのデザイナー

当たり前だが、ページが白紙の状態で「面白いものを作ってください」とだけ言われても、ゼロから書くのは大変だろう。しかし、UXライターはそういうものではない。私たちの言葉は、読んでもらったり、味わってもらったり、評価してもらったりするためにあるのではなく、誰かが欲しいものを手に入れる手助けをするためにあるもので、記憶されずに過ぎていくものなのだ。私たちがUXライティングに取り組む時にまず取り掛かることは、組織や体験を利用するユーザーのゴールを決めること、そして“ボイス”を定義することである。これらについては既に述べたので、理解してもらっているだろう。

この章では、人間が他人と接する際の主な手段である「会話」に基づいたエクササイズを紹介する。これは、図や画面よりも前に始まる体験をデザインする方法だ（既存のUXテキストについては、第5章を参照してほしい）。

会話というものは、人間の遺伝子に組み込まれているようだ。人間は言語や大陸、文化を超えて、話したり答えたりを交互に行っている[*1]。会話は、スクリーン上のピクセルやスピーカーからの音に反応するよりも、ずっと古くから存在しており、ピクセルや音にどう反応するかを支配しているのも会話なのだ。

この本の中で、UXテキストは会話的なものであるべきだと述べているが、それは「カジュアルな会話」や「気取らない」“ボイス”や“トーン”であるべきだと言っているのではなく、言葉を使ったインタラクションとして人間に認識してもらえるようにす

＊1 『How We Talk: The Inner Workings of Conversation』(N.J. Enfield著、Basic Books、2017年)。

べきだ、ということを意味している。人が体験と触れ合うということは、その体験と会話するということだ。

新しいデザインプロセスの最初に、まずはゴールを設定し（すべてはゴールから始まる！）、会話を作り、そこからワイヤーフレームのデザインを作れば、コンテンツでリードすることができる。

3.1 対面・全身のデザイン

このエクササイズでは、対面式の会話のように体験を進めていく。ユーザーがどのような場所から出発し、どのような時にこの体験を受け、何を求めているのかを把握しておく必要があるだろう。また、体験上のインタラクションに対して、組織がなぜそれを必要としているかについても理解しておく必要がある。このようなデザインを一緒に作る人が1人以上いることが望ましいので、この状況を前提にプロセスを説明する。

会話型デザインの準備として、付箋、ホワイトボード、マーカー（もしくはメモをとって共有可能な他の手段）を集める。そして、パートナーかもしくは小さなグループを集める。グループ内に専任のUXライターは不要だが、全員が組織や体験を利用するユーザーたちについてある程度知っている必要がある。

組織と、体験を利用するユーザーそれぞれの中心的なステークホルダーの代表者を集めてグループを作るのがベストだ。組織においては、デザイン、リサーチ、プロダクト、ビジネス、エンジニアなどのチームメンバーが該当する。体験を利用するユーザーについては、多様性が鍵となる。体験のターゲットとなるユーザーの幅それぞれにおいて代表となる人が必要だ。その幅とはつまり、初めて体験を利用する人、既に利用している人、似たような体験の利用に慣れている人、似たような体験の対象外となっている人などを指す。

この時点ではデザインも画面も不要であることを意識して、会話を表現するためのデザイン要素については考えないようにして欲しい。それらはすべて後からついてくるものである。

この例では、TAPPのアプリでバスのパスを更新する方法を検討する。まずは、そのユーザーがどこから来て、どんな結果を得たいのかを確認することから始める。そして、小グループの全員が使える壁やホワイトボードに、これらの出発点と終着点を長い矢印の両端に記入する（**図3-1**）。残りの会話はその間に記入していくことになる。

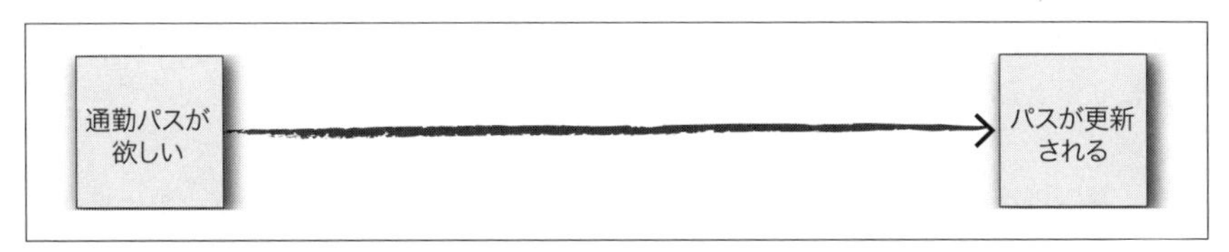

図3-1 会話型デザインのエクササイズは、まず長い矢印の始点にユーザーの意図を、終点にユーザーが望んでいる結果を書くことから始まる

次に、小グループにも参加してもらい、2つの質問を書く。

- なぜその人はこの体験を受けているのか、なぜこのようなことをしているのか？
- なぜ組織はこの体験を提供するのか？

これらの質問に対する答えを同じ長い矢印に書き、エクササイズ中に参照したり更新したりできるようにする（**図3-2**）。

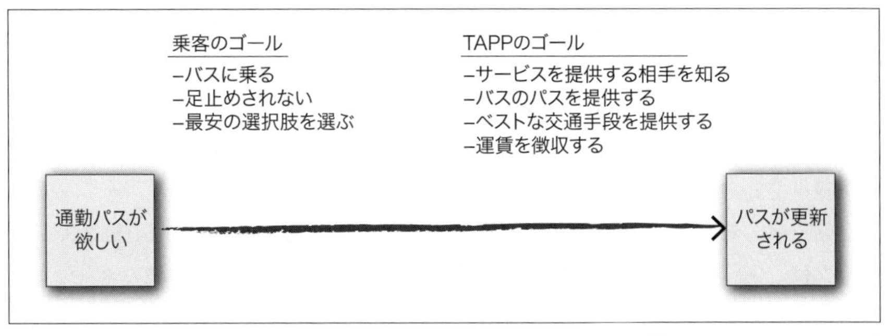

図3-2 会話のエクササイズをするために、体験を利用するユーザーのゴールと組織のゴール、2つのリストを長い矢印に追加する

基礎が準備できたら、いよいよロールプレイに移る。小グループのメンバーで「体験を利用するユーザー」と「体験そのもの」を演じる人の2つに分けよう。これは演劇で使われる即興に似ているが、観客の前でやる必要はない。体験を作るために最重要な部分だけに絞ればいいのだ。

ロールプレイをするには、立ち上がって動くのがベストだ。ある程度ボディランゲージに任せても、体験をより良くできる会話のニュアンスをチームで発見することができる。例えば、購入を伴う体験であれば、「組織」がカウンターの後ろに立ってレジ係のように振る舞うような、物理的な場面を設定すると成功しやすくなる。また、体験の初回利用時やオンボーディング体験[*2]を検討する場合は、閉じたドアの内側と外側に立つところからスタートし、ユーザー役の人にドアをノックして入ってもらうといい。

ユーザー役の仕事は、自分が何を求めているかを明確にした上で、ゴールに見合った方法で結果に向かって邁進することだ。

体験そのものを演じる人の仕事は、組織のゴールを目指しながら、ユーザーが求めている結果を得られるようにすることだ。ユーザーのニーズを予測しながら、思いやりのあるホストとならなければいけない。両者は一緒に即興で会話を作り、すべてのゴールを達成するまでその会話を繰り返すのである。

役者を物理的に配置し終えたら、体験そのものを演じる人が会話を始める。「何かお手伝いしましょうか？」という言葉から始めるのがいいだろう（この入り方は後で変えても構わない）。

それぞれの人が両方の役割を演じる機会を持った方がいい。ベストなのは、代表者のニーズやスキルを毎回変えることだ。順番に、それぞれが体験そのものを演じよう。

即興を実践したことがないチームであれば、最初の数回はこのプロセスがぎこちなく感じると思うが、頑張って欲しい。ぎこちないからと止めてしまう前に、少なくとも2回は試してみることをおすすめする。誰かが行き詰まったら、ゴールと結果のリストを参照するといい。双方にとってすべてのゴールと結果が達成できれば、その体験の提供を終えることができる。

会話を演じるたびに、先程書いた矢印の図にトピックを記録していく（**図3-3**）。トピックは、矢印の始点と終点の間に、発生した順に書いて欲しい。体験のコンセプトの説明や質問をするために良いフレーズを思いついたら、そのフレーズを書き留めておこう。

＊2　［訳注］オンボーディング体験とは、アプリの利用に慣れて、定着させるための体験を意味している。

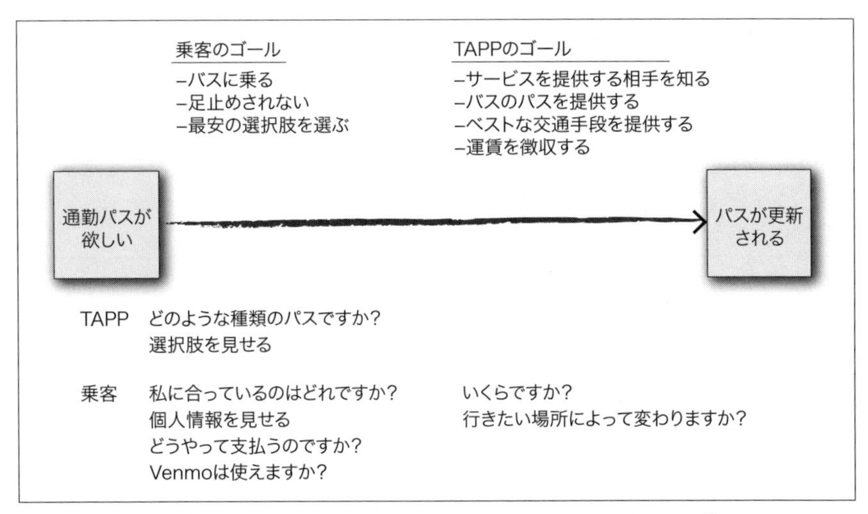

図3-3 会話のフレーズや順序などの大まかなメモは、矢印の始点と終点の間に書くといい[*3]

チームで取り組むことで、質問の順番を変えたらどうなるのか、違う方法で質問したらどうなるのか、といったことを考えたり、演じたりすることができるだろう。もし相手が子供だったら、もしくはもっと単純な、あるいはもっと複雑なニーズを持っている人だったらどうだろうか？　このエクササイズは、そういったアイデアを試すための場である。

意図的にトピックを並べることで、より効果的でより楽しい体験を作ることができる。また用語を文字として表面に出すことによって、どのような用語を定義すべきか、再考すべきか、特に使うべきなのかを認識合わせすることができる。

この段階では会話はかなり乱雑な状態かもしれないが、それがこのエクササイズのポイントの1つでもある。これらの図は、後続のデザイン作業の出発点となる草案として使うことができる。

＊3　［訳注］Venmoはアメリカで利用されている個人間送金アプリのこと。日本だと、SuicaやIcocaなどの交通系ICカードや、PayPayやd払いなどのQR決済等に置き換えて考えるといいだろう。

3.2 会話を体験に適用する

チームで何度か会話を試したら、自分たちが思いついたことを記録してみよう。後で参考になることもあるので、乱雑な状態でも現状の写真を撮っておき、さらに、**図3-4**の矢印の上にあるメモの列のように、乱雑な状態を全員が納得できる綺麗なバージョンとしてまとめておこう。

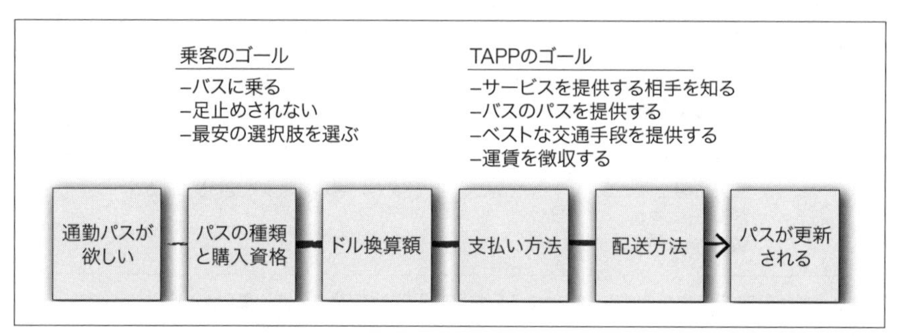

図3-4 会話のエクササイズで作ったラフなメモは、ユーザージャーニーと呼ばれる、ユーザーと組織のゴールに沿った一連のメモにまとめることができる

次に、どんな風に見えるのか、言葉を文字にして見てみよう。話し言葉の中には、一般的で会話的なものであっても、簡単に読めないものもある。書き方としては、テキストメッセージで会話しているように、横に並べたテキストバブルという形式で書く方法がある（**図3-5**）。

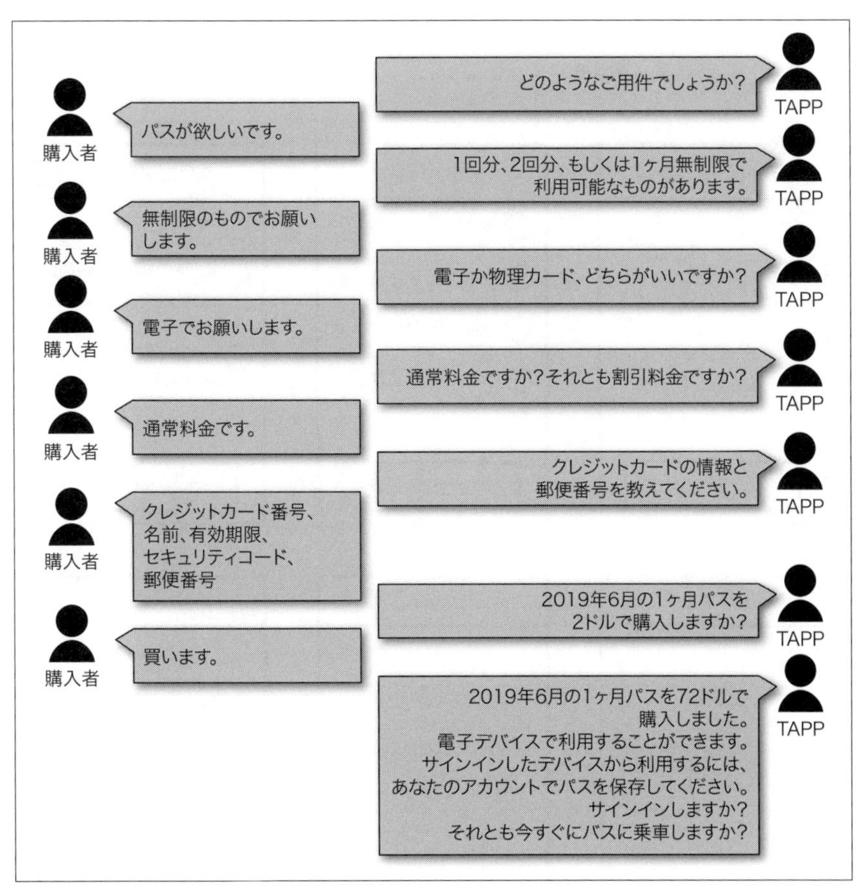

図3-5　TAPPとパスを購入する人の会話を横に並べたテキストバブル

会話型デザインのエクササイズを終える頃には、会話全体のデザインが出来上がっている。また、重要な用語がいつ必要になるかも明確になり、開始時にそのまま使えるようなテキストを書き起こしたものも出来上がっているだろう。

UXデザイナーやインタラクションデザイナーは、ビジュアル体験のワイヤーフレームを作成したり、音声インターフェースの体験を作ったり、物理的な対面での体験を作る能力を十分に持っている。体験を演じた人の発言はタイトルやラベル、説明文になり、ユーザー役の人の発言は、ボタンや体験の中で出てくる選択肢になるだろう。

コンテンツファーストデザインを行ったTAPPのパス購入フローにおける最初のワイヤーフレームは、**図3-6**のようになる。

図3-6　会話型デザインのエクササイズの結果：TAPPでパスを購入するための6つのステップをすべて表現した最初のワイヤーフレーム

エクササイズを行うと、追加で必要な体験の糸口を見つけることができるだろう(TAPPの例では、サインインやバスに乗車するといった体験が追加で必要だと分かった)。また、限界値やクレジットカードの期限切れなどの異常系となるケースを

＊4　［訳注］USメールとはアメリカで郵便事業を担当するアメリカ合衆国郵便公社のこと。

見つけることもできる。これらをデザインとともに文書化しておくと、体験全体がまとまっているように見えるだろう。

3.3　まとめ：正しく会話が設計できたら

UXテキストやデザインはまだ最適化できていないが、最も難しく本質的な「会話」が完成した。組織とユーザーの両方のゴールに沿った体験になっているということも、その中で正しく会話を行うことができるということも、チームで実感が持てるはずだ。

しかしまだ作業は終わっていない。会話が出来上がると、UXライターは配置や読みやすさ、“ボイス”を考慮して、UXテキストを洗練させる必要がある。体験を利用するユーザーの様々なニーズや状況に合わせて、体験を広げたり分岐させることもできる。UXライターはこの後、地道に反復的な編集プロセスに移ることもできるが、UXテキストパターンを適用して編集作業を有利に進めることもできる。

4章

UXテキストパターンの適用

生活の中で当たり前だと思っている複雑なパターンに注目せよ。

— DOUG DILLON、作家

デザインパターンとは、デザイン上の問題に対して共通で使える再利用可能な解決策のことである。このUXテキストパターンの目的は、一貫して高品質なテキストを書くために、簡単で分かりやすいスタート地点を確立することだ。また、過去に成功したテキストパターンに基づいて、新しいUXテキストを素早く、拡張的に書くために役立つツールでもある。

優れたデザインパターンにはどれにも言えることだが、このテキストパターンは使用する言葉を指定するものではない。また、このパターンを使うことで特定の問題を解決できるとは限らず、場合によっては、UXテキストが解決策としてまったく適切でないこともある。

ここで紹介するUXテキストパターンは、ほぼすべての体験で使われる基本的な要素で構成されている。

- タイトル
- ボタンなどのインタラクティブなテキスト
- 説明文
- 空の状態
- ラベル
- コントロール
- テキスト入力フィールド
- 遷移テキスト
- 確認メッセージ

- 通知
- エラー

この章では、UXテキストパターンそれぞれに対して、パターンに関する3つの重要な情報、目的、定義、用途について紹介している。また、本書の例題「チョウザメ倶楽部」「'appee」「TAPP」を使って各パターンの例を示すことで、様々なテキストパターンを様々な"ボイス"で確認できるようにした。

それぞれの体験は、説明上モバイルアプリとして示しているが、デスクトップやテレビ画面における体験でも同じUXテキストパターンが適用される。

ではまず、ほとんどの体験で最初に目に入るコンテンツである「タイトル」について説明する。

4.1 タイトル

目的：文脈とユーザーが取るべき行動を即座に明確にする

タイトルとは、情報設計において最上位の階層を示すラベルのことだ。タイトルはユーザーが体験の中で一番最初に読むテキストで、このタイトルしか読まれないこともある。つまり、ユーザーに正しく体験を利用してもらうためには、タイトルで文脈が分かるようにする必要がある。

その文脈を設定するのに良い方法は4つあり、体験のどこで起こる内容なのかによって異なる。ここでは4種類のタイトルを紹介する。

- ブランド名
- コンテンツ名
- 曖昧なタスク
- シングルタスク

□ ブランド名のタイトル

ブランドを決定づける体験の中で設定すべき文脈は、その体験そのものである。その文脈を設定するために、ブランド名のタイトルとして体験の名前を用いる。

例えば、チョウザメ倶楽部のメイン画面では、倶楽部のモノグラムと名前をブランド名のタイトルとして使用している（**図4-1**）。この画面はチョウザメ倶楽部の会員が最も頻繁に目にする画面であり、ブランドを認識できるものである必要がある。

図4-1　チョウザメ倶楽部のメイン画面に表示されているブランド名のタイトル

多くのアプリでは、画面の最上部にその画面に関連したタイトルが表示されているが、チョウザメ倶楽部はそうではない。チョウザメ倶楽部では、会員の方々に倶楽部への帰属意識を持ってもらうために、すべての画面のタイトルでモノグラム、つまりブランドが常に表示されるようにした。

アプリのバーに記載したイニシャルだけでなく、画面内にも2つ目のブランド名をタイトルとして記載することで、情報の階層構造を強化している。メインページに両方のタイトルを記載することで、それぞれの画面がページ内で独自の文脈を持っているのだとさりげなく思わせることができる。

コンテンツ名のタイトル

ブログやソーシャルメディアでの文や画像の投稿のように、コンテンツに基づいて画面を表示する場合、コンテンツ名をタイトルとして使用することがある。このタイトルは、ブログ管理者などコンテンツを作成した人が指定することもあれば、ソーシャルメディアの1つの投稿に対して生成されるタイトルのように、コンテンツ自体から作られることもある。

例えば'appeeでは、チャレンジに対して投稿されたすべての画像のタイトルに、そのチャレンジの名前を使っており、例えば、**図4-2**のBlusterチャレンジの最優秀賞受賞者を表示する画面では、「Bluster（荒れ狂う波）」というタイトルにすることが適切だ。

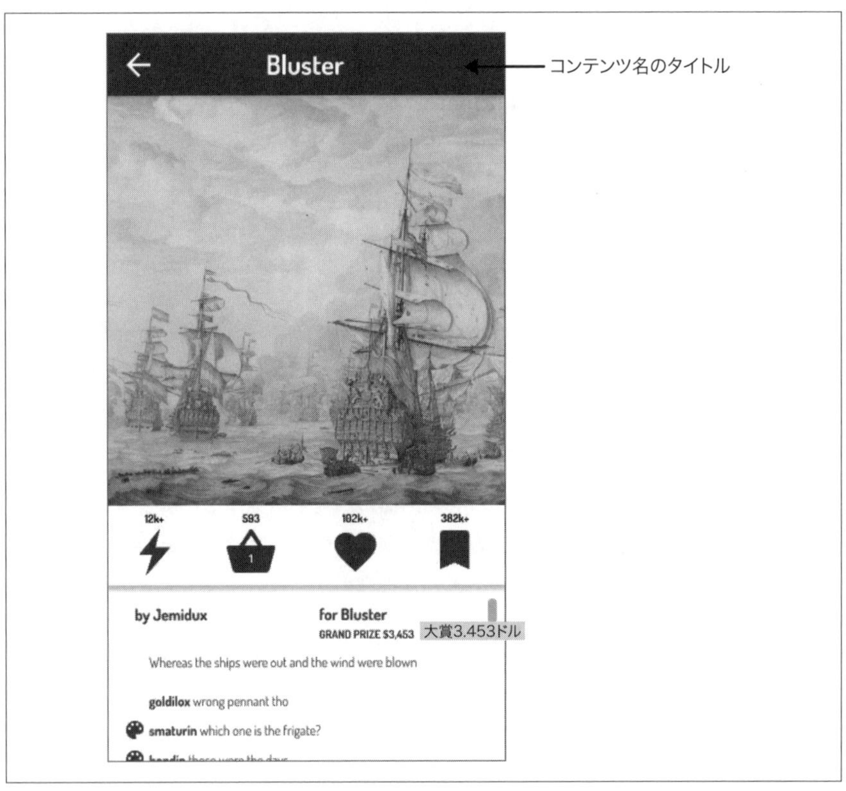

図4-2 'appeeはチャレンジに対して投稿されたすべての画像のタイトルに、そのチャレンジの名前を使っている。この図では、Blusterチャレンジの最優秀受賞者のコンテンツのタイトルに「Bluster」が表示されている

◘ 曖昧なタスクのタイトル

ダッシュボード画面のように、取り得る行動が複数ある画面では、曖昧なタスク全体をカバーするタイトルにすると便利だ。

このような曖昧なタスクのタイトルには、ユーザーの文脈を示す名詞や名詞句、またはユーザーが取り得る行動に関連するカテゴリーを示す動詞句*1を使う。このタイトルを使うことで、ユーザーがどのようなゴールを持っているかが分からなくても、ゴールを達成できる場所にいるという安心感をユーザーに与えることができる。

例えば、'appeeのプレイヤーが自分のプロフィール画面を見ることには、様々な理由が考えられる。例えば、自分の過去の写真を見たり、統計情報を確認したり、プロフィール写真やその他の情報を更新するなどがあげられる。そのため、**図4-3**のタイトルは「どう見える？」という説明的なタイトルになっている。ユーザーは複数のアカウントを持っている可能性もあるため、「あなた」が誰であるかを示すことも重要だ。'appeeは、画面上にコンテンツ名のタイトルを使うことでその問題を解決している。

＊1　［訳注］動詞句とは、少なくとも1語以上の動詞を含む2語以上のかたまり（句）のことである。動詞を使って、より説明的に示すことができる。

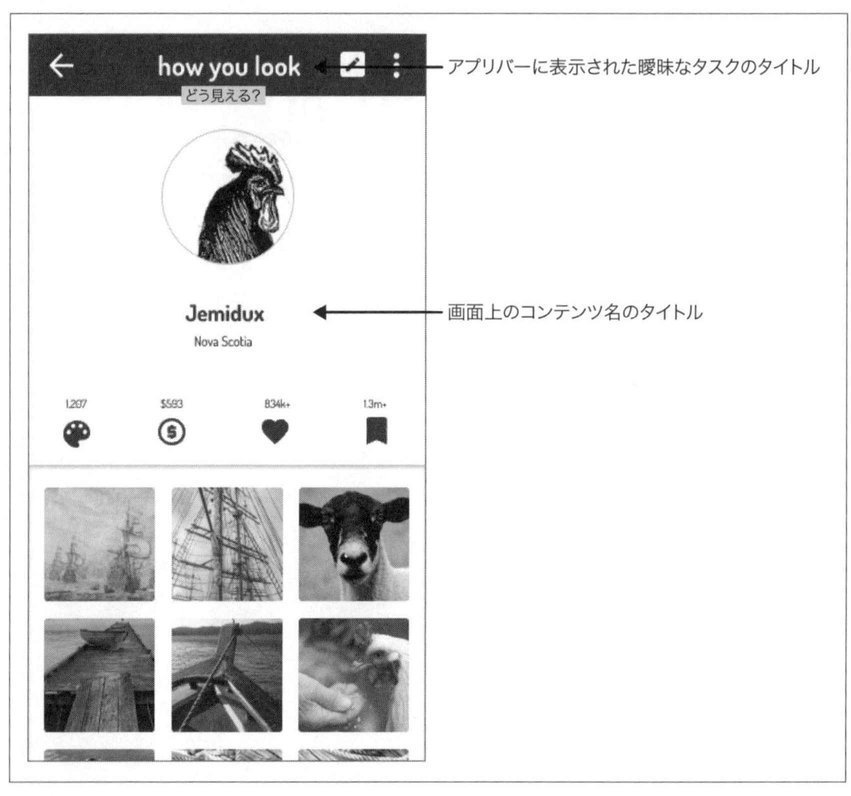

図4-3 'appeeのプレイヤーJemiduxが自分のプロフィールを開くと、「どう見える?」という曖昧なタスクのタイトルが表示され、プレイヤーの名前がその画面のコンテンツ名のタイトルとして表示される

◘ シングルタスクのタイトル

シングルタスクのタイトルはユーザーに行動を起こさせる指示としての機能を持っている。この時、ユーザーに正しい行動をしてもらうために、命令形の動詞句を使う*2。

例えば**図4-4**のTAPPの例では、ユーザーがバスに乗る際に乗車運賃を支払うためにスキャンするコードを表示している。ここでは、「運賃の支払い」というシング

*2 ［訳注］日本語の場合は、動詞を名詞化した体言止めで表示されることが多い。例えば英語では「Pay Fare」=「運賃を支払いなさい」という表記だが、日本語では「運賃の支払い」と表記されることが多い。

ルタスクのタイトルを使っている。そこにはボタンは存在せず、バスに乗った人はバスの中でコードリーダーを使って次の行動を取らなければいけない。

図4-4 TAPPの運賃の支払い画面では、アプリバーにシングルタスクのタイトルが表示されている

しかし、どのように使われていたとしてもタイトルはスタート地点に過ぎない。本当の意味での行動は、ユーザーがテキストをタップしたり、クリックしたり、もしくは選択したりといった方法でテキストに触れる時に発生する。

シングルタスクのタイトルが示すように、このタイトルの主な目的は、ユーザーが取り得る行動を紹介することであり、ほとんどの行動はボタンを使うものが多い。

4.2 ボタン、リンク、その他コマンド

目的：ユーザーを行動に向かわせる、もしくは行動を遂行させる

ボタンやその他のインタラクティブなテキストとは、ユーザーが次のステップに進むために、タップしたり、クリックしたり、話すことで相互に作用できるテキストのことだ。**リンク**や**コールトゥアクション**（CTA）、**コマンド**などと呼ばれることもあるが、行動を実行したり、次の画面に移動したり、別の場所に移動したりといったいずれの場合においても、それらは同じものとして考えていい。

ボタンは体験の中で最も重要なテキストの1つだ。ボタンはユーザーが自分の目的を明確にするための手段となる。ボタン（また、場合によってはコントロール）は、ユーザーが体験に「話しかける」ためのものであるため、ボタンはユーザーと体験の間で行われる会話を成立させるために使わなければいけない。一方、タイトルや説明文、空の状態、ラベル、確認メッセージやエラーなど他のテキストは、ほとんどすべてが体験からユーザーに話しかけるために使われている。

ボタンを使う上での課題は、認識しやすく、具体的で、1語か2語の長さのものが最も効果的であるため、それを目指さなければいけないということだ。私がテストした経験では、1語か2語の長さのボタンは、2語以上の長さのボタンよりも頻繁に利用されていた。同様に、ユーザーが会話の中で実際に話す言葉を使ったボタンは、一般的なボタンや、ユーザーが使いそうにない言葉を使ったボタンよりも、高い効果が得られるという結果となった。

例えばチョウザメ倶楽部において、会費を確認して支払う際には、会員は「フォリオ」画面を目にする（**図4-5**）。「308.48ドルを支払う」というボタンは、収入源として倶楽部にとって最も重要なボタンである。このテキストは、動詞先行型で明確に行動を指示している。支払う金額をボタンに表示することで、より具体的になっている。会員は既に体験の中で支払い方法を登録しているため、1回のシームレスな行動で支払いを完了することができる。

チョウザメ倶楽部の会員は、他にもこの画面で「支払い方法を変更する」という動詞先行型のコマンド[*3]と、矢印ボタンを押して戻るという2つの選択肢をとることができる。このボタンの順序が重要で、会話と同じように、最も一般的なものか、ある

＊3 ［訳注］英語では「Change Payment Method」と書かれており、動詞が先に来ている。

いは最も主要な行動が最初に表示されるべきである。

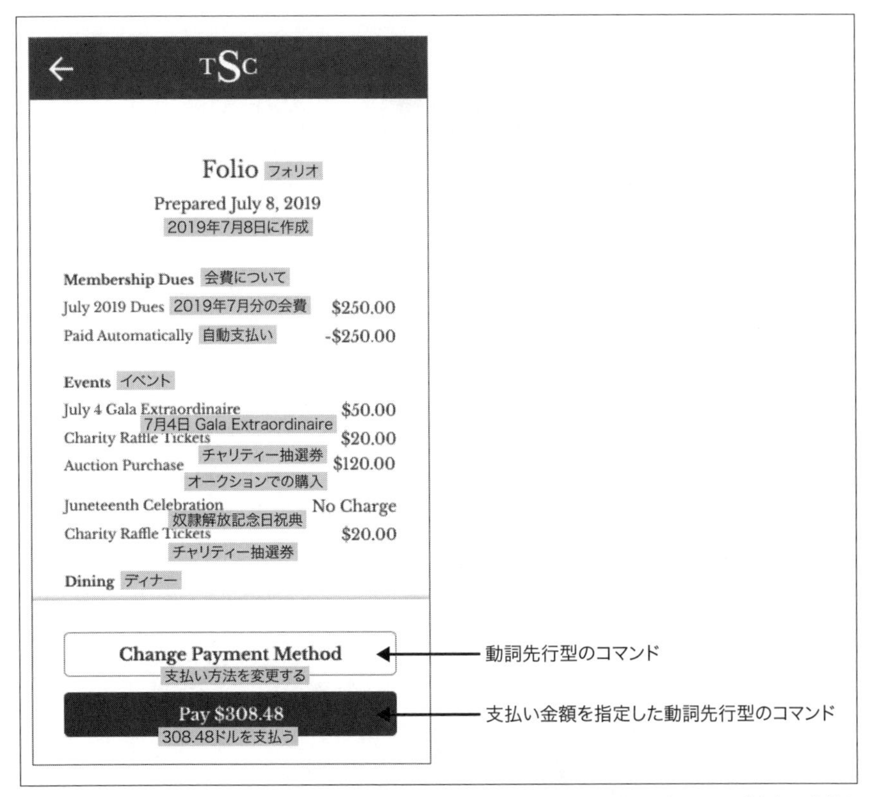

図4-5 チョウザメ倶楽部の会費を確認して支払う画面では、「308.48ドルを支払う」ボタンか「支払い方法を変更する」ボタンを押すか、もしくは「戻る」ボタンで画面から離脱することができる

文字を使わずにアイコンで表現することもある。アイコンを使うことで画面に表示される単語の数を減らすこともできるのだ。戻るボタンには文字がないが、弱視や盲目の方が使用するスクリーンリーダーでは、このボタンの有無を音声で聞くことができる。一般的には、文字がないアイコンについても、戻るボタンと同様のルールが適用される。ボタンは、ユーザーが会話で使うのと同じような言葉で、1語か2語で最大限に分かりやすく表現されていると、ベストパフォーマンスを発揮することができる。

また、メニューやリストの中にあるオプションもボタンの一種だ。これらのボタンに使う言葉は、名詞の方が適切な場合がある。例えば、'appeeのメニューでは、お気に入りに保存した画像やプレイヤーの友達、体験の設定、ヘルプなどにアクセスすることができる（**図4-6**）。

図4-6　'appeeのメニューは、プレイヤーがお気に入り、友達、設定、ヘルプなどにアクセスするためのもので、これらはメニューやリストの中に配置された名詞型のボタンの例である

それぞれのメニュー項目はそれぞれのボタンとして考えることができるが、それらがどう利用されるのかという文脈を考慮した上でデザインされるべきである。そうすれば、メニュー項目に使う単語には、お互いに大きく異なるものを選択でき、曖昧さを回避することができる。また単語の選び方によっては、選択肢がセットであるように見せることもできる。'appeeの例で分かるように、各ボタンに1つか2つの単語しか使わないことで、プレイヤーは選択肢を一目で見渡すことができる。このように設計を配慮することで、初見でも2回目以降でも、プレイヤーに正しい選択肢を選ばせ

ることができるのだ。

タイトルがシングルアクションである場合は、タイトルと同じ単語をボタンにも使うと最も効果的になる。例えばTAPPでアカウントを作成する場合、「アカウント作成」(Create an Account) というタイトルが表示される (**図4-7**)。ユーザーがそのシングルアクションを行うためのボタンには「アカウントを作成」(Create Account) と書かれており、タイトルと一致している。これらの2つのフレーズはほぼ一致しているため、ユーザーは曖昧さは感じることはなく、タイトルで指定された通りの行動を取る。もしもボタンに「保存」や「送信」と書かれていたら、そのボタンを押せばアカウントが作成できるのだとは理解しづらいだろう。

図4-7 TAPPで新しいアカウントを作成する画面では、「アカウント作成」(Create an Account) というタイトルと「アカウントを作成」(Create Account) と書かれたボタンの言葉を意図的に一致させている。この調和によって、ユーザーは迷わずに行動できる

多くの場合、ボタンとタイトルだけでは十分ではない。ユーザーに正しく行動してもらうには、更に情報が必要となるだろう。タイトルとボタンのスペースは限られているため、それ以外の場所で行動を起こすとユーザーにとってどんな価値があるのかを思い出させる必要がある。どのような体験が受けられるのかを期待させたり、ブランドを強化するために、説明文を使うことができる。

4.3 説明文

目的：ユーザーが何を期待しているかを理解した上で、ユーザーが体験を進めるのをサポートして、ブランドを確立し、責任を軽減する

説明文は情報テキストの塊で、本文と呼ばれることもある。説明文は句や文、節として表示される。また、説明文はスクリーンリーダーで視覚的デザインを説明するための隠しテキストとしても使われる。そして、説明文をタップしたりクリッピング、ホバリングなどをしても何も起こらないのが一般的である（説明文にタップできるインラインリンクやアイコンがある場合、それらはボタンのパターンに従っていると考えるといい）。

説明的な文章は、人に読まれることで初めてその目的を果たすことができる。しかし説明文はよく無視されてしまうため、デザイナーの中には説明文を「テキストの壁」として嫌っている人もいる。ユーザーはUXテキストを読むために体験を受けているわけではないのだ。

説明文が必要な場合は、できるだけ使いやすいものにする必要がある。英語の場合、インターフェースを使う人は幅40文字程度の行までは素早く目を通すが、これは3～6語が収まる程度のスペースである。同様に、3行以下の段落では、数個の単語に目が留まる。これらのわずかな単語が、説明文でユーザーの注意を惹きつけ、理解を深める機会となるのである。

1つの文章がこの目安以上に長くなると、ユーザーは1つ1つの言葉に目を留めなくなってしまうどころか、分かりづらいとさえ思い始めてしまう。リサーチの参加者やチームメイトからも、「テキストの壁（文章が長い）」と言われるようになるだろう。文章を簡潔にし、アイデアを読みやすい長さに分けることによって、ユーザーは十分理解し、正しく体験を利用することができると自信を持てるようになる。

■ アスタリスク（*）を避ける

信用は不可欠である。いくら綺麗な約束や簡単なやり方を示していても、アスタリスクや細字を使ってしまうと信用は失われてしまう。また、説明文や情報開示文を読みにくくしてしまうと、逆に何かを隠そうとしているのではないかとユーザーは思ってしまう。アスタリスクを使うと、テキストが正確ではなく、信頼できないものであると思わせてしまうのだ。

もし体験の中で複雑な内容が必要な場合は、その内容も説明文に記載する。平易な言葉を使い、必要に応じて組織やユーザーにどのようなメリットがあるかを説明するのである。これについては、プロダクトオーナーや弁護士、プライバシー専門家、ビジネスオーナーなども含めて密に調整する必要がある。

例えばチョウザメ倶楽部には、**図4-8**のように体験の中にメッセージ機能がある。そのメッセージリストの最後には、メッセージ機能が安全であることや、倶楽部内でしか使えないこと、またメッセージは30日後に削除されることなどを記載し、会員に安心感を与えている。これは会員にとって有益な情報であり、チョウザメ倶楽部が会員に伝えたという事実にも意味はあるが、会員がメッセージ機能を使えるようになるためにテキストを読まないといけないわけではない。

図4-8 既読メッセージ2通と未読メッセージ2通が表示されたチョウザメ倶楽部のメッセージ機能の画面。画面下部の説明文には、メッセージ機能の仕組みとメッセージが30日後に削除されるということを記載することで会員に安心感を与えている

'appeeでは、プレイヤーがプレイしたいと思った時に参照できるように、「基本ルール」のページに説明文を記載している（**図4-9**）。しかし、ルールを破ろうと思わない限り、説明文を読まなくてもプレイは可能である。この説明文の目的は、プレイする前にプレイヤーにルールを思い出させて、ルールに同意してもらうことだ。これは不適切な画像や、不正な投票や決定に対するクレームへの責任を軽減するために'appeeが取っている措置である。

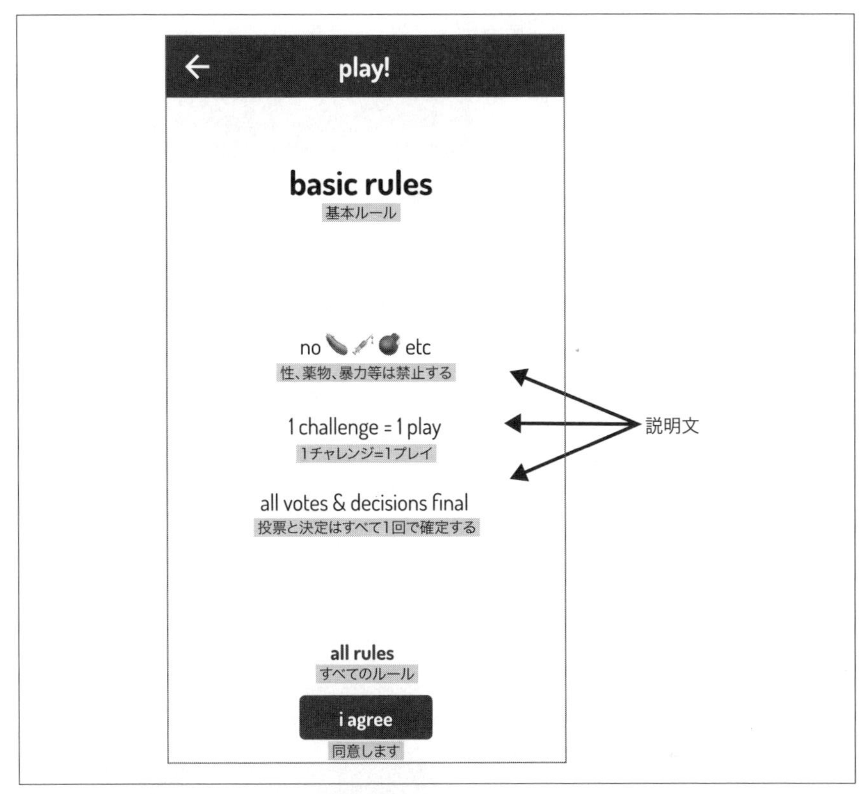

図4-9 'appeeの基本ルール画面には、性、薬物、暴力などの不適切な話題が禁止されていることや、1つのチャレンジでプレイできるのは1回だけであること、投票や決定はすべて最終的なもので変更できないことなどの説明文が記載されている。この画面は主に「うまく投稿できない」「ルールが分からない」といったクレームから'appeeを守るためのものだ

ルールをすべて知りたい人や文章（テキストの壁）を読んで安心したい人、使い続けるために特定の情報が必要な人が満足できるように、'appeeには「すべてのルール」というボタンが用意されている。これは体験を進める上で確認必須なものではなく、見たい人だけが見るオプションとして追加情報を記載する方法の1つだ。

TAPPは「運賃の支払い」プロセスの最初の画面に説明文を使っている（**図4-10**）。この画面には、サインインしているユーザーが購入できるパスが表示されているが、その人が割引運賃の対象となる場合には、説明文で別の方法が示されている。ユーザーは通常価格で購入することもできるが、説明文を読んで対象者であれば、説明通りの手順を踏むことで割引料金で購入することができる。

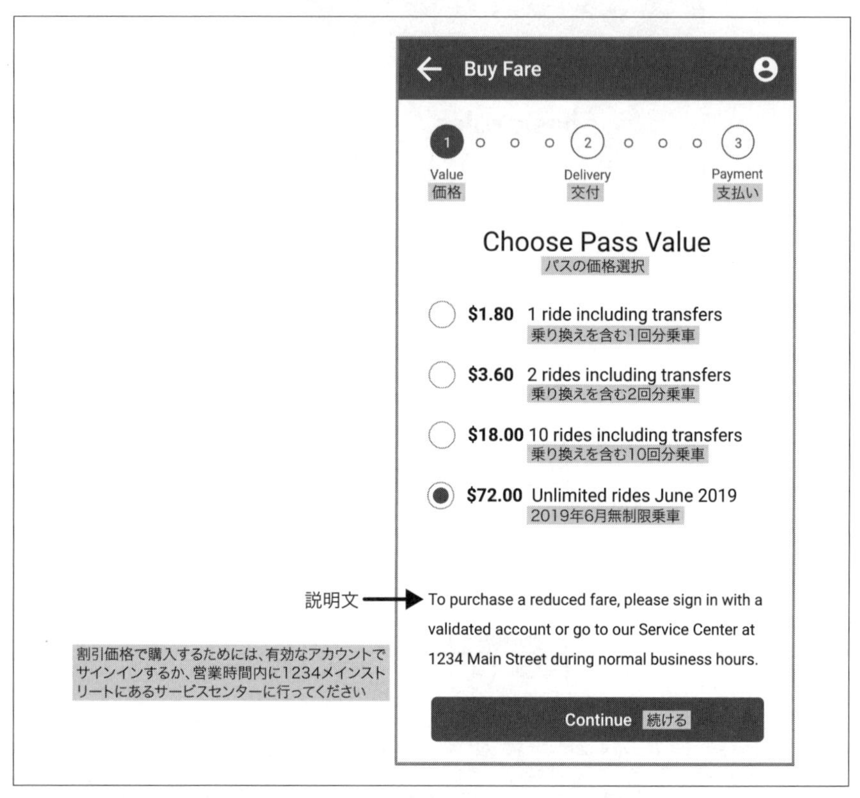

図4-10 TAPPでバスの運賃を支払うための最初の画面。説明文には、割引価格で購入するには「有効なアカウント」でサインインするか、TAPPサービスセンターがある場所へ行くようにと書かれている

この説明文は不完全だと感じるかもしれない。例えば、割引価格とは何か、有効なアカウントは何か、自分がその資格を持っているのかを確認するにはどうすればいいのか、といったような情報がないためだ。文章を簡潔に、目を通しやすく、ポイントを押さえたものにするためには、これらの情報をオプションとして提供する必要がある。この画面の役割は乗客がパスを購入できるようにすることであり、運賃についての情報を得ることではない。TAPPの体験では、乗客が選択をするために十分な情報を他の場所で提供しなければならない。

タイトルや説明文、ボタンが最もうまく連携する状態の1つに、「空の状態」がある。

期待したアクションやコンテンツがユーザーに提供されないと、体験は空虚に感じられてしまう。次は、そういった特殊なケースにおけるタイトルや説明文、ボタンについて見ていこう。

4.4 空の状態

目的：意図的に空のスペースを表示しながらも、期待感を持たせて、ワクワク感を高める

私の経験では、チームがデザインに取り掛かる時、ユーザーが体験に完全に没頭し、その可能性を最大限に活用するような望ましいケースから始める傾向がある。ユーザーが既に実施したことが強調されるような体験の場合、その体験に初めて触れる人にとっては、かなり空虚に感じられるだろう。UXライターはその空虚さが勘違いではないと伝えるために、空の状態のテキストを使うことができる。

空の状態のテキストは、1行のテキストのように単純なものから、タイトル、説明文、ボタンのように複雑なものまである。最もシンプルなケースでは、「Xをするために Yをしましょう」といったフォーマットを使うことで、利用できる機能（X）と取るべき行動（Y）を強調しながら、ユーザーに効率的に進んでもらうことができる。

例えば会員がチョウザメ倶楽部にサインインしていない場合は、サインイン以外の行動を取ることはできない（**図4-11**）。メニューも空の状態になっており、先に進むにはサインインするしかないのだ。ここでメニューが空の状態であることを示すテキストとして「会員メニューにアクセスするには、サインインしてください」と記載することで、会員が先に進むことを促すことができる。「サインイン」と書かれた部分は、サインインという体験を始めるためのインタラクティブなテキストであると言える。

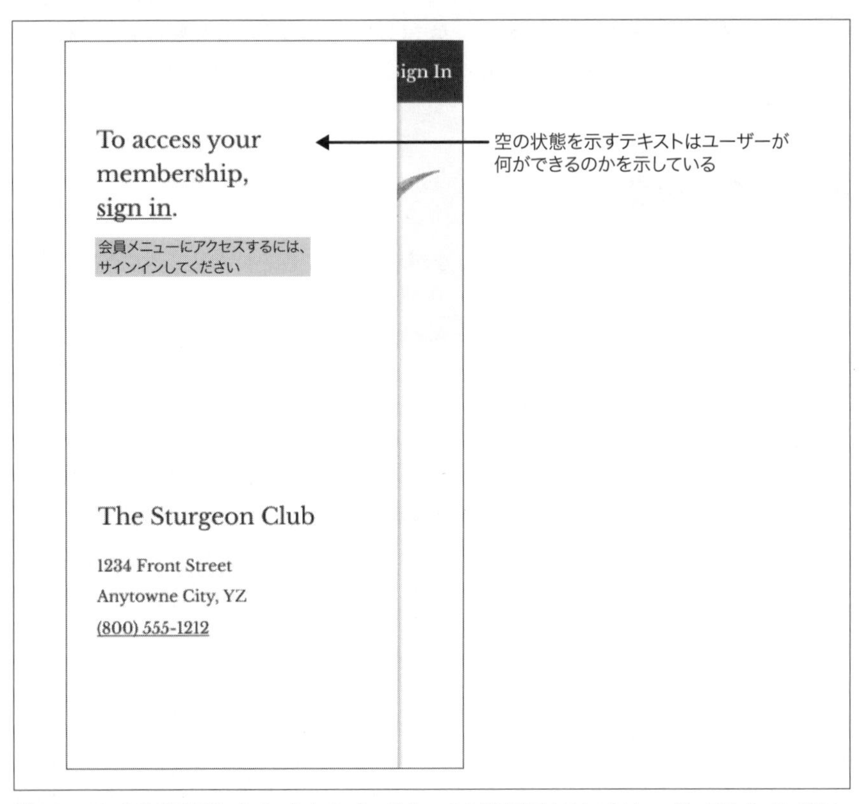

図4-11 チョウザメ倶楽部にサインインしていない場合、空の状態を示すテキストがユーザーにサインインを促す

空の状態の中には、ユーザーが何もできない場合もある。'appeeで他の人のプロフィールを開いた時に、その人が一度も画像を投稿していない場合は、何も画像が表示されない。例えば、goldiloxさんのプロフィールページには、画像が投稿されていないため、何も画像が表示されていない（**図4-12**）。見ることができるのは、「goldlixがプレイしたら、エントリーを見ることができます」というテキストだけだ。

図4-12　'appeeのプロフィール画面では、通常、プレイヤーがチャレンジに応募した様々な画像が表示されている。その人が何も画像を投稿していない場合、その人のページを閲覧している他のプレイヤーは、今後どうすればそのページに画像が表示されるのかを知ることになる

空の状態はもっと複雑にもなり得る。例えば、空の状態でワンステップの行動を促すことは難しいが、情報を埋めたいと興味を持たせることはできる。TAPPでは、よく使うバスのルートを保存する機能が非常に便利だが、バスのルートが保存される前の画面には、何の情報も表示されていない（**図4-13**）。

TAPPは単に「保存されたルートはありません」と表示するのではなく、そのルートを保存する方法を記載することで、ユーザーに使い方を教えている。空の状態では「ルートを保存するには、目的のルートを見つけた時に"保存"をタップしてください」という説明が表示されており、そしてルートを探すためのボタンが設置されているのだ。このような指示と行動を促すボタンがあることで、ユーザーはルートを保存できるようになるのである。

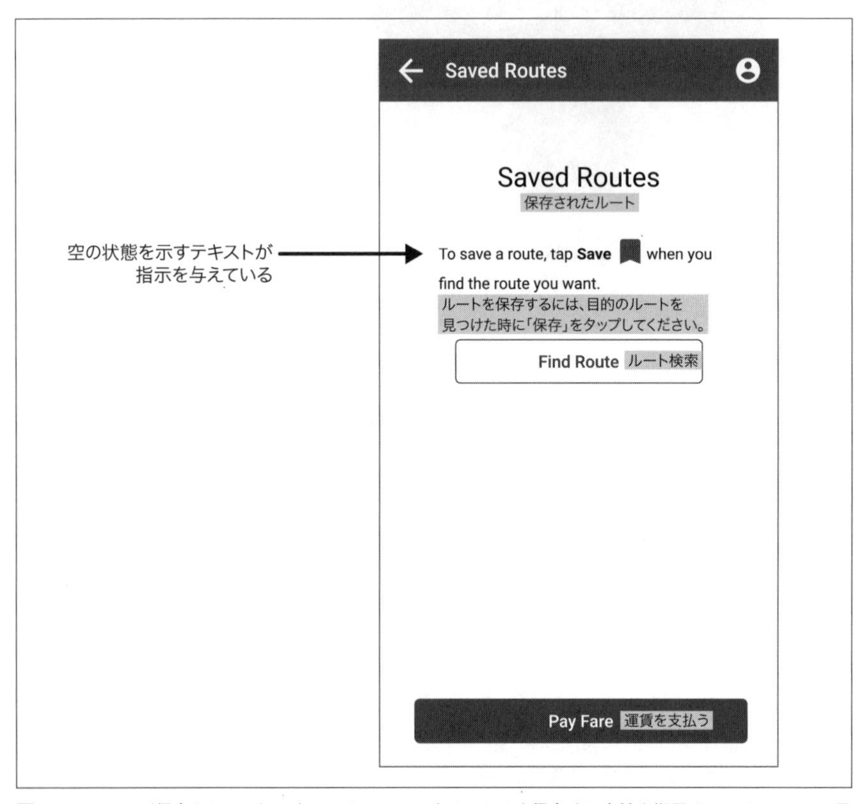

図4-13 ルートが保存されていない時、TAPPはユーザーにルートを保存する方法を指示する。そして、その最初のステップとして、ルート検索を促している

説明文やボタン、タイトルは空の状態を表現するために重要なツールである。しかし空の状態とは正反対に、内容が豊富な体験を提供する場合には、ラベルという特殊な形の説明文が必要となる。

4.5 ラベル

目的：体験を理解するために必要な労力を最小限に抑える

ラベルとは、物事に名前をつけたり説明したりする名詞句や形容詞のことであり、セクションやカテゴリー、ステータス、進捗状況、数量、単位などを示すのに利用される。ラベルは多くの情報をコンパクトにまとめて伝えることができるため、詳細を伝えるためにあらゆる場面で使われる。しかし、ラベルにも注意が必要である。それは、ラベルの選択や“ボイス”との整合性、翻訳や国際化などだ。

説明文とラベルの違いは、文章の長さと目的である。説明文は通常、句読点の有無は関係なく、完全な文である。一方ラベルは、通常単一の名詞か、もしくは名詞の組み合わせで表現される。そして説明文は、タイトル、ボタン、または体験全体に対して使われるものであり、ラベルはアイコンやセクションなどの受動的な画面の要素に関連したもので、特定の文脈に限定して使われることが多い。

ラベルの目的を達成するためには、特定の用語を使用し、馴染みのない専門用語を避ける必要がある。曖昧な言葉や、ユーザーが理解できない専門用語がラベルに使われていると、ユーザーに体験を理解してもらうことが難しくなってしまう。ラベルは、ユーザビリティテストなどのユーザー調査によって、ユーザーが使い慣れた言葉を明らかにする重要な場所である。既に脳に刷り込まれている言葉は、ユーザーにとって最も読みやすく理解しやすいのである。

ラベルは動的な要素を含むことで複雑になることが多々ある。それは、UXライターが商品の価格や日程、ソーシャルメディアでの投稿のいいね数などを知らないことが原因かもしれない。いいラベルを付けるためには、ライターはどんな変数があるかを知った上で、変数が取りうるすべてのバリエーションに対応できる言葉を選ぶ必要がある。

例えば、チョウザメ倶楽部のフォリオ画面には、日付ラベル、セクションラベル、各アイテムのコストを示す金額ラベル、無料というテキストラベルがある（**図4-14**）。日付ラベルは「{日付} に作成」と書くことができる。この {日付} は、フォリオが作成された日付を表している。ここでは日付のフォーマットは月、日、カンマ、年の順に指定されているが、このフォーマットはデザイナーやエンジニアと連携してUXライターが決めることが多い。

エンジニアは日付や金額のような数字のフォーマットについては、既存のコードライブラリがあればそれを使うべきだが、それらのラベルは必ずチェックするべきだ。チョウザメ倶楽部のフォリオ画面では、金額を括弧で囲む代わりに、マイナス記号を使う必要があった。またリサーチを行う際には、調整額や支払い額をどのように表示するかを検討する必要があるかもしれない。チョウザメ倶楽部の場合は米ドルしか使われていないため、ドルとセントを分けるために「$」と「.」を使うのは理にかなっている。しかし、ヨーロッパにも展開する場合は、数字を正しく表示するために「€」や「,」をどのように使うかを検討する必要がある。

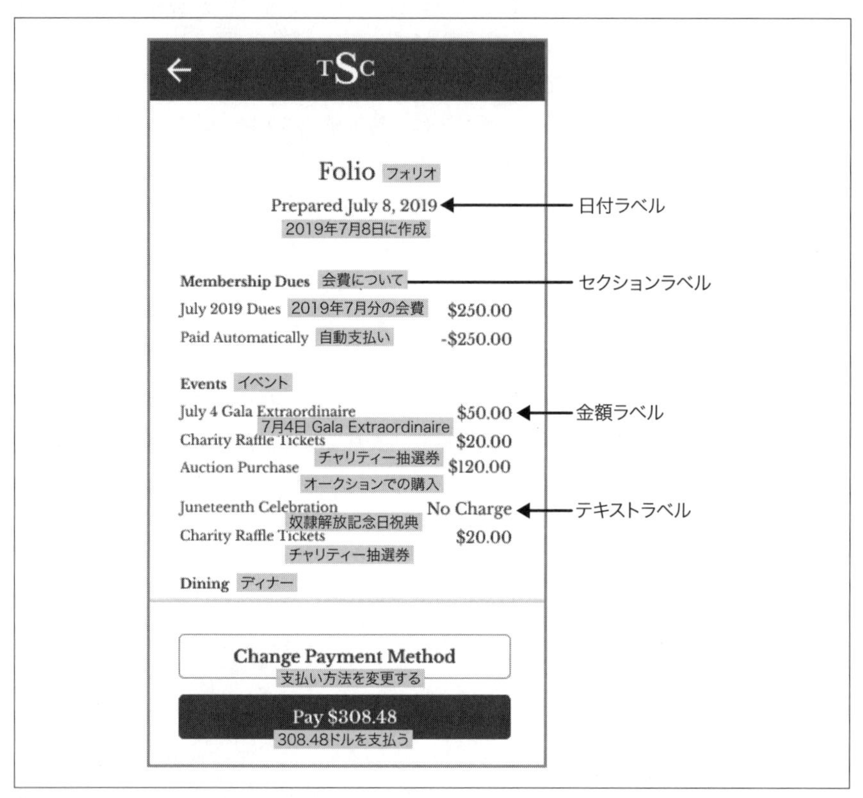

図4-14 チョウザメ倶楽部のフォリオ画面では、日付やセクション、通貨や金額、また無料の場合などを示す時にラベルを使っている

'appeeで画像を閲覧する画面には、統計情報を示すラベルがいくつか表示されている（**図4-15**）。ボタンの文字は表示されていないが、アイコンが並んでボタンのようになっているのが分かるだろう。これはアイコンが一目で分かるものでなければ使えないが、「必要以上に言葉を使わない」という'appeeが決めた言葉のルールに沿っている。言葉の代わりにラベルを見るだけで文脈が分かるようになっている。例えば12,000人以上の人がコメントしていることや、593人がこの画像に関連した購買を行ったこと、102,000人以上がこの画像にいいねをしていること、382,000人以上が

この画像を保存していることが分かる。なお、スクリーンリーダーを使った場合も、同様の内容を耳で聞くことができる。なお'appeeでは、1000以上の数字を小文字の「k+」で表現しているが、これは気づきを与えるために文頭だけを大文字にするという“ボイス”に沿ったものである。

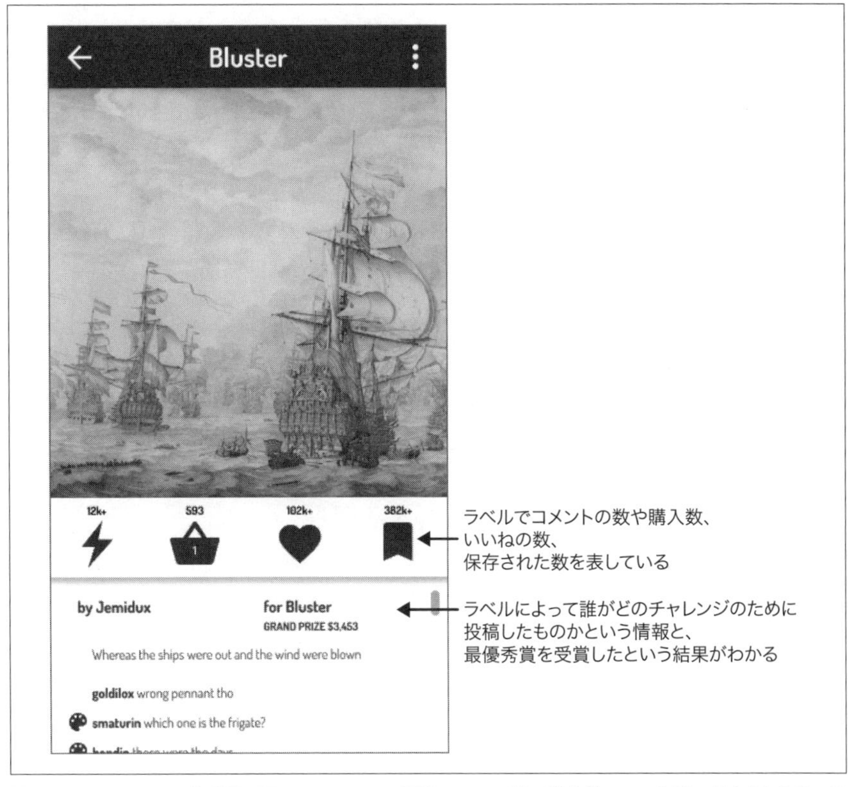

図4-15　'appeeの画像閲覧画面のラベルには、画像のコメント数、購入数、いいね数、保存された数、受賞数などが表示され、プレイヤーとチャレンジを区別している

アーティストを表す「by」とチャレンジを表す「for」というラベルがそれぞれつけられているが、全ての言語で英語のように前置詞が使われているわけではないため、

ローカライズできない恐れがある[4]。コンテンツ製作者は、国際化の専門家やデザイナーと協力して、他の言語で同じ意味を伝えるために長い単語が必要な場合に備えて、代替レイアウトを作成する必要がある。例えば、「by」の代わりに「artist」や「player」という代替ラベルをプレイヤーの名前の上に配置できれば、そちらを使うことができるだろう。

TAPPのアプリで乗客がパスを購入する画面では、テキストが現在の状況に合わせて変化する進捗ラベルを入れるためのスペースがある（**図4-16**）。このラベルには実行すべきステップの名前が表示され、ステップを実行した後は、選択した内容が反映される。

ラベルは特殊な形をした説明文とも言えるもので、より簡潔で専門的な内容になりがちだが、ユーザーは単に読むだけで行動をしないという点で、ボタンとは区別される。次はさらに一歩踏み込んで、コントロールに必要な名前と状態を見てみよう。

＊4　［訳注］このラベルを直訳すると、「by Jemidux」は「Jemiduxによる」、「for Bluster」は「Blusterのための」となり、それぞれ意訳すると「Jemiduxによって投稿された」「Blusterのチャレンジのための投稿」となるだろう。英語では前置詞だけで十分伝わるが、日本語への直訳では分かりづらく、意訳では長すぎる。日本語でラベルを付けるならば、「by」の代わりに「アーティスト」や「プレイヤー」「投稿者」、「for」の代わりに「チャレンジ」といった名詞で表現した方が、より明確に伝わるだろう。

図4-16　TAPPのアプリにおいてバス料金を購入する2つ目のステップ。どんな選択をしたのか、次のステップがどのようなものかといった情報を、アイコンやラベルで示している

4.6 コントロール

目的：ユーザーにカスタマイズが可能な範囲と状態を知らせる

コントロールに関する文章を書くには、どんなコントロールでも、初期の電子機器や機械的な装置に備わっていたアナログのダイヤル、スイッチ、スライダー、指示ボタンなどを核としたメタファーであると認識するといいだろう。ほとんどの場合、物理的なスイッチとソフトウェアにおけるスイッチの使い方は同じである。ベストなのは、カテゴリーとラベルによって、カスタマイズが可能な範囲を明確にすることだ。

通常、特定のコントロールについては、少なくとも2つのテキストを考慮する必要がある。名前と状態だ。名前は、コントロールを使うユーザーが理解できる方法でコントロールを命名したり説明するような名詞もしくは動詞句であるべきだ。コントロールの状態とは、例えばチェックボックスがチェックされているかどうかや、スライダーの位置、トグルが左右上下のどちらの方向に向いているか、といった情報のことである。

コントロールと対になるUXテキストは、コントロールが取りうる状態に合わせる必要がある。例えば、チェックボックスがチェックされている時には肯定、されていない時は否定という意味を表す。もし、はっきりと肯定的な意味と否定的な意味を持たない名前を使用してしまうと、チェックボックスは機能しなくなってしまう。

設定の状態を表す言葉は、文字として見えていても見えていなくても、スクリーンリーダーで読み上げることができる。チェックボックスは「オン」「オフ」と読み上げられる。トグルスイッチは、オンかオフかという状態を裏で持っているが、同時に、赤か緑（赤緑色盲の人には区別が必要）、有効か無効といった正反対の状態を示す言葉がペアになってラベル付けされることもある。スライダーやダイヤルは、状態を示すテキストを使うことで、範囲の終点を設定したり、最大と最小のテキストを裏で持たせることができる。

また、コントロールをグループ化してリストにすることも検討する必要がある。チョウザメ倶楽部の設定画面を見ると、グループ名でコントロールの文脈を説明していることが、いかに効果的であるかが分かるはずだ（**図4-17**）。「本日のイベントをホーム画面に表示」や「新着メッセージをホーム画面に表示」といったコントロールを個別にリストアップすることもできるが、グループ化することによって、リスト全体が理解しやすいものとなり、読む量も少なくて済む。このように並列構造にすることで、それぞれの項目だけでなく、項目全体がどのように機能しているのかをユーザーが理解しやすくなる。

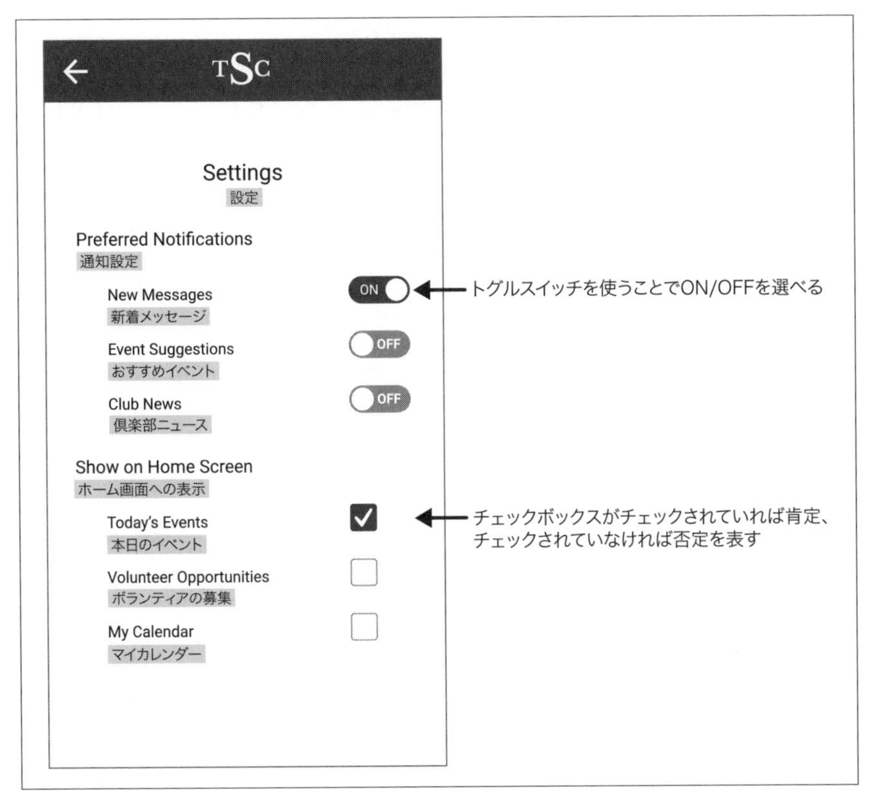

図4-17 チョウザメ倶楽部の設定では、会員に通知のON/OFFを種類別に切替可能になっており、ホーム画面に表示されるコンテンツの種類も選択できる

コントロールの名前についてもう1つ考慮しなければいけないことは、ユーザーが助けを求めている時に、どのようにしてそのコントロールに誘導するかということだ。そのため、同じ画面の別のセクションに同じようなコントロールがある場合でも、それぞれのコントロールに固有の名前を付けることは重要である。なお、カテゴリー名はチョウザメ倶楽部のように「ホーム画面へ表示する」と動詞で表現する[*5]こともできるし、TAPPの設定画面のように「アカウント」「通知」と名詞句にすることもできる（**図4-18**）。

＊5　［訳注］英語では「Show on Home Screen」のように動詞句となっているが、日本語だと「ホーム画面へ表示する」のように動詞の終止形を使った文章や、「ホーム画面への表示」のように動詞の連用形を名詞化した連用形名詞で表現することができる。

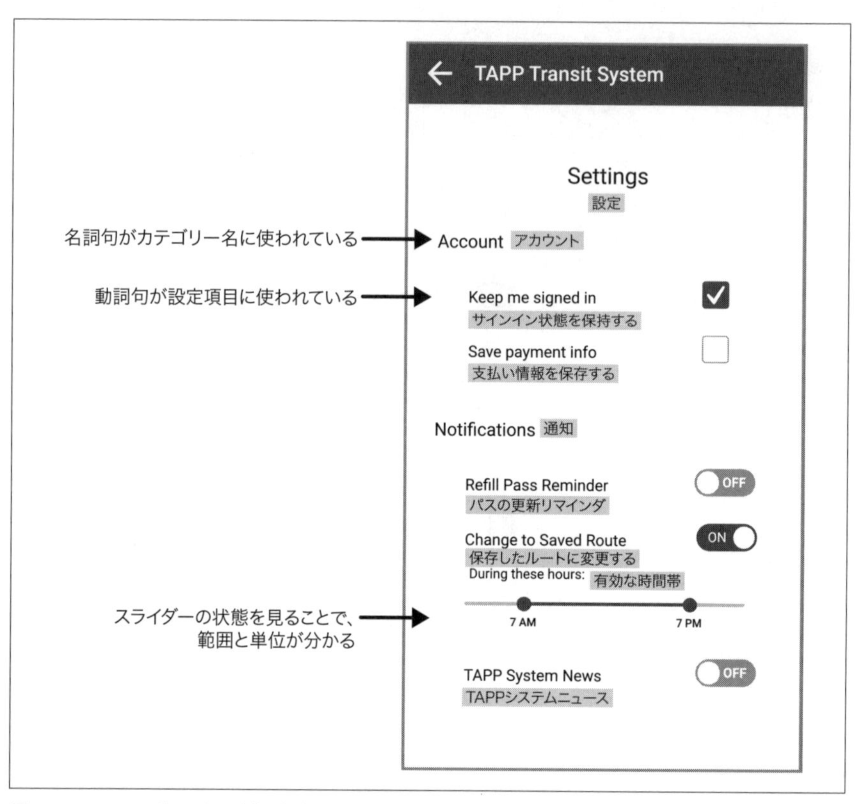

図4-18　TAPPは「アカウント」「通知」という名詞のセクションを作ることで、カテゴリーレベルで並列構造にしている。アカウントのコントロール名はユーザーのアカウントに関連する動詞表現となっており、通知の各コントロール名には説明的なフレーズが付けられている

コントロールの使いやすさは、コントロールの目的と、ユーザーが自身のニーズにどのように作用するかを理解できるかどうかにかかっている。同様に、テキスト入力フィールドでは、メッセージ、数字、パスワードなど、どのような種類のテキストを入力すべきかを理解する必要がある。次は、テキスト入力フィールドのラベルやプリセットテキスト、ヒントテキストについて説明する。

4.7　テキスト入力フィールド

目的：ユーザーが正しい情報を入力できるように助ける

フォームフィールドでは、テキストやEメールアドレス、数字、日付などの情報を入力させるために、ラベルやヒント、プリセットテキストとしてUXテキストを利用する。

ユーザーに正確な情報を入力してもらうためには、テキストフィールドに正しい情報を予め入力しておくのがベストだ。そうすることで、ユーザーの時間を節約し、変更があれば修正の機会を与えることができる。しかしこれができるのは、既にその情報を持っていて、かつ正しい情報である可能性が高いと分かる場合だけである。

事前にプリセットできない場合は、テキストフィールドの中にヒントを書いたり、外にラベルを付けることで、どのような内容を入力すべきかを伝えている。

ヒントテキストを使う場合には注意が必要だ。なぜなら、ヒントがあることでテキストが入力済みだと思ってしまうことがあるという研究結果があるからだ。ヒントテキストを表示する場合は、ラベルとヒントを連動させて、どちらか一方だけでは得られない情報を補完することができる。

ラベルとヒントテキストのどちらかを使う場合、テキストは以下の4種類のような内容にすると効果的だ。

- 入力される情報の名前
- 入力される情報の例
- 情報を入力するための指示を動詞で表現する
- どうすれば正しく入力できるかを示すガイダンス

こういった内容を一貫して利用することで、ユーザーはテキストを正しく入力できていると自信を持つことができる。しかし、一貫性よりもさらに重要なのは明確さだ。進むべき道が明確になり、ユーザーをより成功に導くことができるのであれば、同じ画面上のUXテキストパターンと一貫性のないテキストを用いた方が良い。

例えば、チョウザメ倶楽部の「パスワード変更」というポップアップ画面では、「新しいパスワード」という入力フィールドがある（**図4-19**）。「最低8つ以上の数字や文字」というヒントテキストは、パスワードに必要な条件を示すガイダンスとなっている。また他の2つのテキストフィールドにおいては、ラベルとヒントをペアで使うことで、会員が正しく入力できるようにデザインされている。

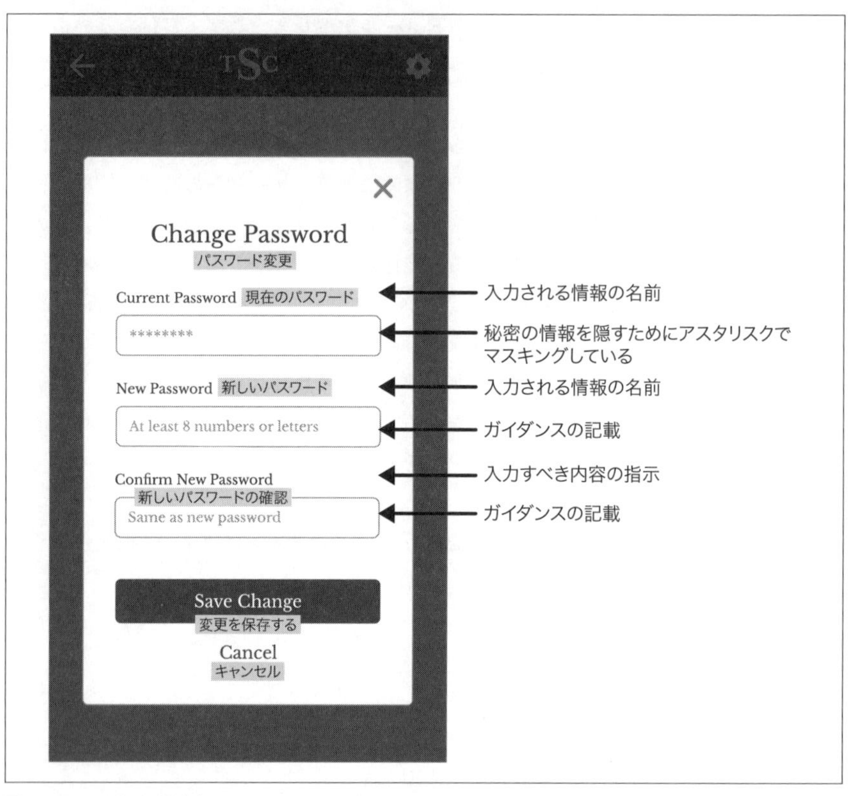

図4-19 チョウザメ倶楽部では、パスワードを変更したい場合、現在のパスワードを入力した後で新しいパスワードを入力し、確認のために再度新しいパスワードを入力する必要がある。このデザインでは、ラベルとヒントをペアで使うことで、会員がパスワードを正しく変更できるようにしている

場合によっては、ラベルを使わずにヒントとなるテキストのみを使うこともある。多くの場合、こうすることでデザインを最小限の要素ですっきりさせることができる。この時、ユーザーが入力すべき内容は、ヒントテキストだけで伝える必要がある。ただ、ユーザーが入力をし始めるとヒントテキストは消えてしまい、ラベルもないため、ユーザビリティを最大化するデザインパターンとはいえない。

例えば、'appeeにサインインするには、プレイヤーの電話番号やメールアドレス、パスワードが必要だ（**図4-20**）。この時ヒントには、「メールアドレスもしくは電話」「パスワード」のように入力する情報の名前を記載している。プレイヤーがこのパターンを認識することで、無事サインインすることができる。

図4-20 'appeeのサインイン画面では、2つのテキストフィールドに入力すべき情報の名前（メールアドレスもしくは電話、パスワード）が書かれている。但しこの'appeeのデザインは、プレイヤーが入力し始めると、何を入力すべきかという情報が表示されないという点で、ユーザビリティのベストプラクティスに反していることに注意してほしい

TAPPのヘルプリクエスト画面では、テキストフィールドの入力例として既定値が入力されている（**図4-21**）。TAPPはサインインした段階でユーザーのメールアドレスが分かっているため、このページにきた時にデフォルトでそのメールアドレスが入力される。ユーザーは別のメールアドレスを入力する可能性もあるが、基本的には入力の手間が省けるようになっている。

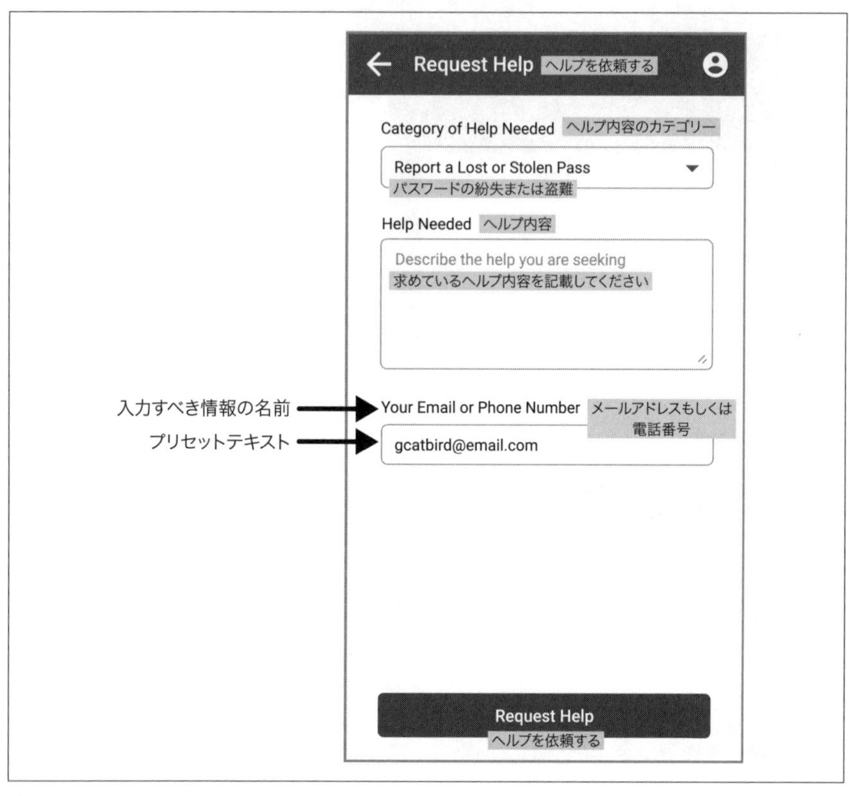

図4-21 TAPPのヘルプリクエスト画面では、TAPPアカウントに紐づけられたメールアドレスか電話番号がテキストフィールドに既定値として表示される

ユーザーがすべてのテキストフィールドに正しく入力できた後、システムがその入力内容を送信したり検証したりするために、一時的な待ち時間が発生することがよくある。特に入力した情報が、クレジットカード番号のような機密性の高いものであったり、オンラインでのジョブエントリーのような複雑なものであったり、恋愛対象の相手に送るメッセージのように緊張感のあるものであったりすると、より一層この待ち時間がストレスになりうる。この時のユーザーに対しては、待ち時間を可視化することが親切で簡単な方法である。通常、目の見える方にとってはスピナー[*6]などのアニメーションで十分だが、画面上に文字を表示したり、スクリーンリーダーを使って

＊6 ［訳注］動作が完了するまでクルクルと回り続ける円形のインジケーターのこと。

その経過を伝えることもできる。

4.8 遷移テキスト

目的：あるアクションを実行していることを確認する

体験が途中でハングアップしたり、アクションの実行中に遅延が発生した場合、その待ち時間が無駄ではないことをユーザーに伝えるのが礼儀だ。ヘルプカウンターの人が「奥から持ってきますので、少々お待ちください」と言うのと同じように、デジタルの体験においては遷移テキストを使うことで、「リクエストを受け取ったのでしばらくお待ちください」と伝えることができる。

一般的に、遷移テキストはユーザーから追加の行動（タップ）は必要としないはずだ。アクションが進行中の場合は、「アップロード中」「送信中」のように動詞の現在進行形を用いる。省略して簡潔に書くことで、遅延が短いという印象を与えることができる。

例えば、チョウザメ倶楽部で支払い方法を更新した後、更新している途中であることを表すメッセージがオーバーレイで表示される（**図4-22**）。このメッセージが表示されることで、会員が自分で操作すべきことは完了し、あとは待つだけでいいという安心感を得ることができる。また、処理が完了する前に誤って古い支払い情報を使ってしまうことも防ぐことができる。

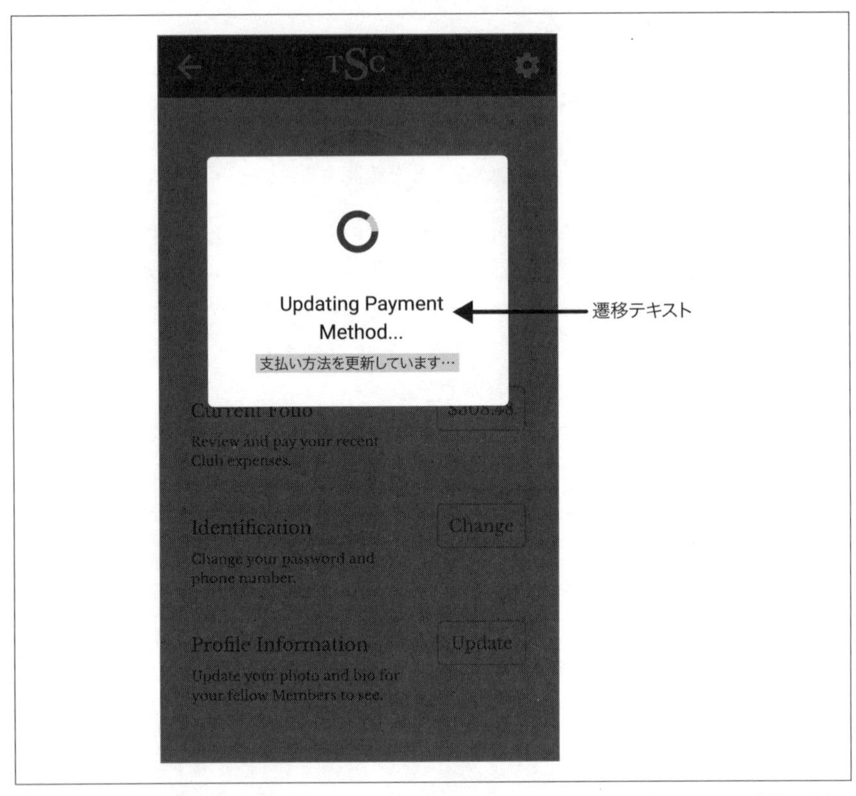

図4-22　チョウザメ倶楽部の遷移テキストは、支払い情報を更新するための操作が完了したことを会員に示すことで信頼感を高めるとともに、更新のプロセスがすぐに完了するという期待感を与えている

適切な場合であれば、遅延を活用することでワクワク感を高めることができる。'appeeでは、プレイヤーがルールに同意してから現在取り組めるチャレンジを取得できるまでに、数秒間の時間がかかる。データベースがすぐに反応したとしても、敢えて遅延時間を延長することで、プレイヤーの期待感を膨らませることができるのだ。**図4-23**の遷移テキストは、チャレンジの準備が始まり、後戻りできない状態であることを強調している。

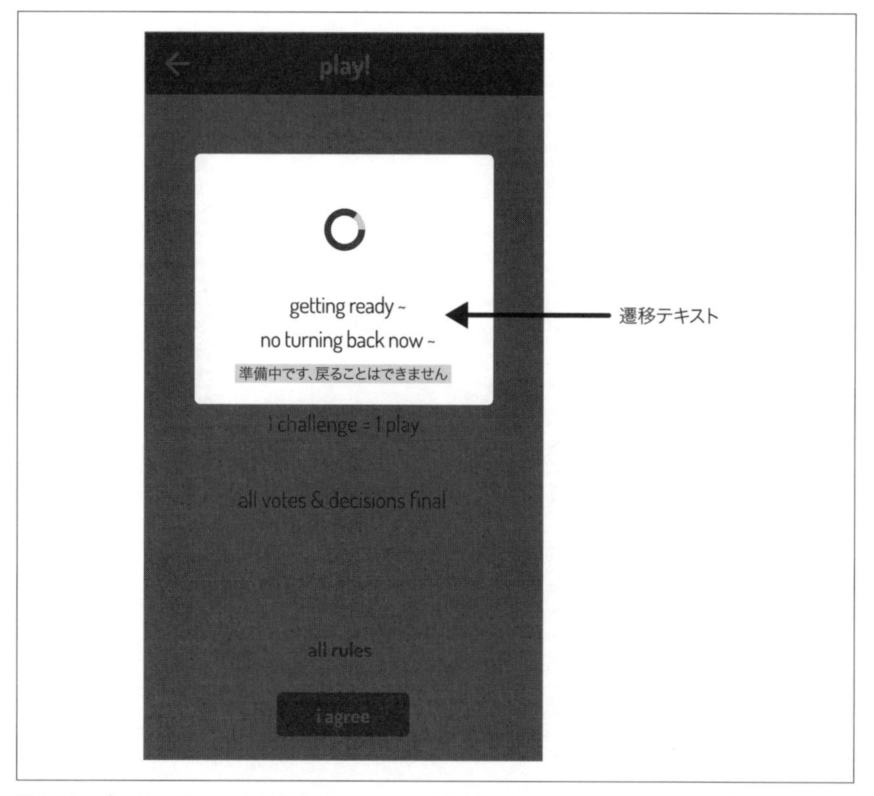

図4-23 プレイヤーがルールに同意すると、'appeeが現在取り組めるチャレンジを取得し、プレイヤーがチャレンジに登録するまでの間、遅延が発生する。遷移テキストでは、「戻ることはできません」というフレーズで盛り上げつつ、「準備中」という一般的なフレーズで進捗状況を示している

曖昧な状況では「getting」のような一般的な動詞が有効だが、ほとんどの場合では、具体的な言葉を使った方がいい*7。TAPPの乗客が特定のルートで地図ボタンをタップする時、そのルートの地図だけでなく、最寄りの停留所の詳細が閲覧できることを期待しているが、その詳細データを取得するのに遅延が発生することもある。その場合には、乗客がタップした地図ボタンに対応する内容が遷移テキストに反映されるようになっている（**図4-24**）。

＊7 ［訳注］ここで「getting」は「〜の状態にする」という意味で使われており、「getting ready」で「準備中」と訳している。

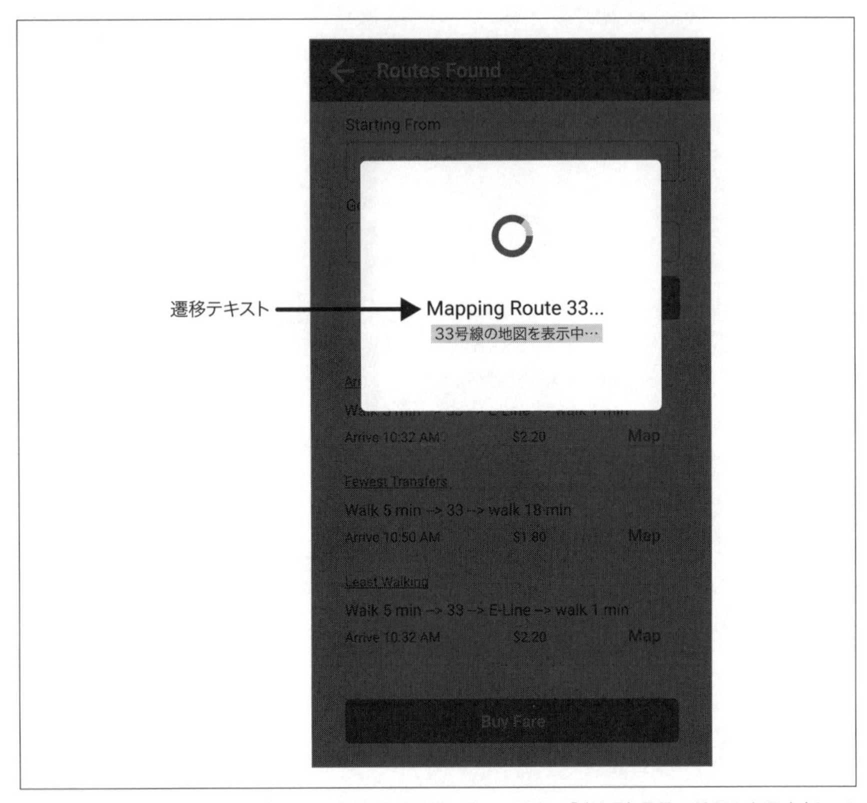

図4-24 TAPPではルートマップやデータの取得に遅延が生じた場合、「（番号）号線の地図を表示中」という遷移テキストを表示することで、ユーザーが要求したアクションが実行中であることを知らせて、安心感を与えている

遷移テキストが表示された後、アプリの画面が変わることでアクションの実行結果を確認できる。**図4-24**の例では、地図が表示された時点で明らかに遷移が完了したと分かる。しかし、効果が微細な場合は、確認のメッセージを提供するといい。

4.9 確認メッセージ

目的：進捗状況やユーザーの期待通りに実行が完了したことを伝えることで、ユーザーを安心させる

確認メッセージは、目に見えないプロセスが完了したことを伝えることで、ユー

ザーに安心感を与えるものだ。これは、アクションの完了が遅延している場合に特に有効だ。これらの確認メッセージは、ユーザーが体験の中でプロセスを進めている最中に控えめに出現することもあれば、一時的なポーズやステップとして連続で出現することもある。

確認メッセージの基本的なパターンは、アクションを最もよく表現している動詞の過去形や動詞句を使うことだ。英語では、遷移時（送信中）は現在進行形でsubmitting、確認時（送信完了）は過去形でsubmittedといったように、submitという動詞を共通で使うことで、完了したという実感を与えることができる。似たような動詞のペアとしては、sending（送信中）/sent（送信完了）、removing（削除中）/removed（削除完了）、deleting（削除中）/deleted（削除完了）、posting（投稿中）/posted（投稿完了）などがある。

確認メッセージを使うことで、他のシステムが動作している間も体験を継続させることができる。例えばチョウザメ倶楽部では、ユーザーがテキストを入力している間は「保存中」という遷移テキストが表示され、ユーザーがセキュアメッセージングシステムにメッセージを入力中に一時的に動作を止めると、「下書きを保存しました」という確認メッセージが表示される（**図4-25**）。Google DocsやMicrosoft Word Onlineでも、ドキュメントがオンラインでリアルタイムに保存されている時に、同様のメッセージが表示されている。

図4-25 チョウザメ倶楽部でメッセージ作成を一時的に止めると、メッセージが下書きに保存されているということが分かるように、「下書きを保存しました」というメッセージが表示される

ユーザーが現在の状況や完了すべき行動にしか関心がない場合、1つの単語で確認テキストを表現することができる。'appeeに画像を投稿する時、遷移テキストは「エントリーを送信中」ではなく「送信完了！」という表現に置き換えられる（**図4-26**）。

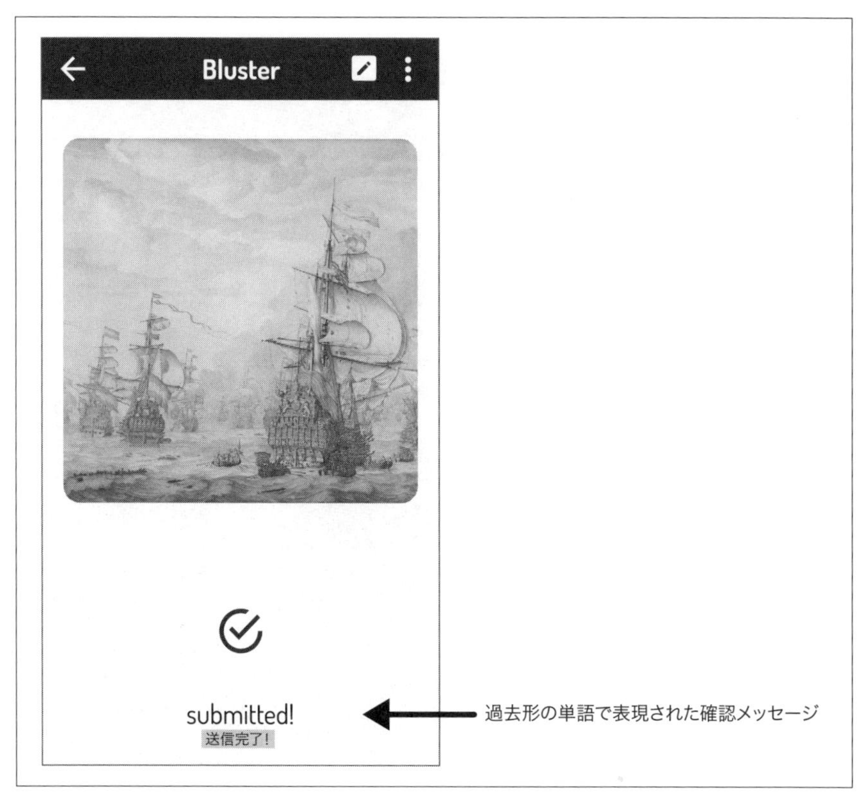

図4-26 プレイヤーが 'appeeのチャレンジにエントリーすると、画像が無事にサービスに送信されたことを確認するために「送信完了!」というメッセージが表示される

数分から数日に及ぶ長い遅延の場合でも、ユーザーに明確に説明をすることによって、組織の追加サポートや運用コストを回避できる可能性がある。例えばTAPPにおいて、ユーザーが送信したコメントに対して回答を得るまでに、最大で10営業日の遅延が発生する可能性がある。そのため、ユーザーがコメントを残す際に、「コメントが送信されました」という確認テキストと合わせて、回答にかかる時間についても表示されるようになっている(**図4-27**)。

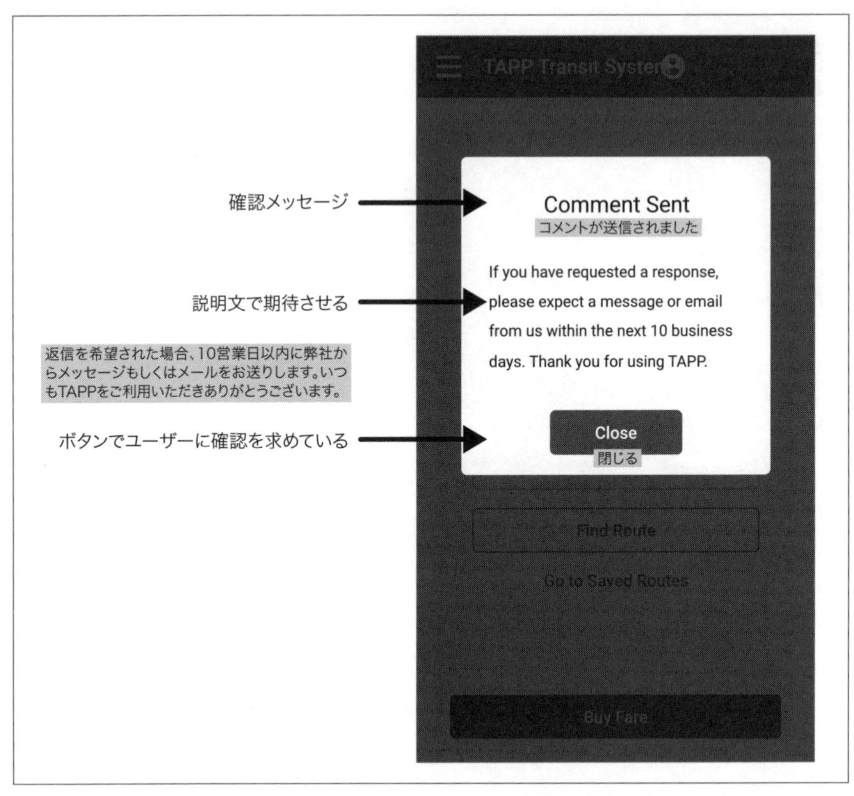

図4-27 ユーザーがTAPPにコメントを送信すると、すぐにコメントが送信されたことを確認するメッセージが表示され、10営業日以内に返信があることを知らせている。一定時間後にダイアログが消えるのではなく、ダイアログを閉じるためのボタンを追加することで、ユーザーに了承を得ている

確認メッセージは体験の中で生じるフローが終わる際に不可欠なツールだ。しかし、他にもユーザーにとって重要な情報や取りうる行動がある場合には、その行動を促進するために中断させるような特別なメッセージが必要となる。それが通知だ。

4.10 通知

目的：体験に関する情報をユーザーに知らせたり思い出させる

通知はユーザーの行動を中断させて、その時点では注意を払っていない体験の中の一部の情報に注意を向けさせるためのものだ。通知は、受け取る側にとって常に価値があり、緊急性があるかもしくは時間的に適切な内容のリマインダーや情報である。

通知は、その価値と適時性を一目で伝え、その価値を実現するためにユーザーが取るべき行動が明確に分かるものでなければいけない。

ユーザーは通知を、モバイルデバイスのロック画面や通知センター、バナーのいずれかで受け取ることができる。通知には一時的なものと持続的なものがあり、また、モバイルデバイスやデスクトップ、ラップトップ、ブラウザ、ブラウザ拡張機能などで表示に関する様々な設定ができる。一般的にライターは、体験で通知を表示する方法の種類を調査し、同じテキストがそれらすべてで表示されるのか、また、どのように表示されるのかについて検討する必要がある。

通知は少なくとも1つのテキストで構成されるが、多くの場合はタイトルと説明文といったような2つのテキストで構成されている。タイトルは通常、ユーザーが取るべき行動に関する動詞で始まり、その行動を完遂するために必要な情報を伝えている。一方説明文は、行動の完遂には必要ではないが「あったらいいな」という情報を追加している。

例えばチョウザメ倶楽部では、未読メッセージがあると会員に通知が送られる（**図4-28**）。タイトルには「新着メッセージを見る」という指示に「倶楽部会員から」という付加情報が表示されている。これがコンシェルジュからのメッセージだった場合は、「コンシェルジュからの新着メッセージを見る」となるだろう。倶楽部は通知でメッセージの内容を表示することを避けたいので、内容に関する記述を省略することもできたが、具体的な内容の代わりに「チョウザメ倶楽部ではメッセージの詳細は保護されています」という記載をすることで、チョウザメ倶楽部のブランドを強調している。

情報が提供されている限り、その情報が体験からのメッセージの一部でありユーザーを惹きつけるものであれば、ユーモアのある表現や、分かりにくい表現にしてもいいだろう。例えば、'appeeのチャレンジは時間制になっており、プレイヤーがエントリーするまで詳細は分からないようになっている。しかし、プレイヤーの興味を引くために、チャレンジの内容をほのめかすことができる（**図4-29**）。通知上のアプリ名により通知元は自明なので、検討すべきテキストは実質1つしかない。'appeeの“ボイス”に従い、「ロリポップとロケットにはあってキャンディにないものは何？新しいチャレンジがあります！」のように、通知の内容が分かりにくいものになっている。

図4-28 チョウザメ倶楽部からの通知には、倶楽部の会員から新着メッセージを受信したことが示されている

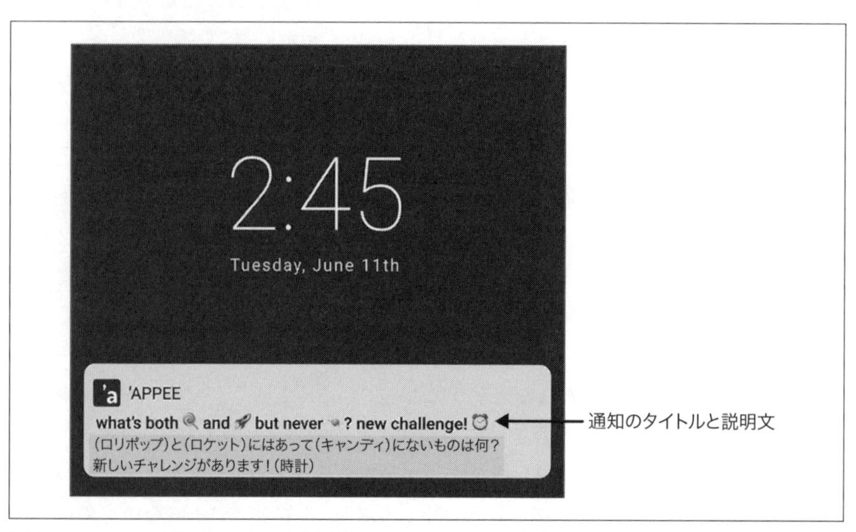

図4-29 'appeeで新しいチャレンジが公開されると、プレイヤーの好奇心をそそるような通知が届く。この例では、「新しいチャレンジがあります!」という重要な情報の前に、絵文字を用いた"なぞなぞ"を載せている

通知は魅力的な内容や興味深い内容だけでなく、時に悪いニュースを伝えることもある。悪いニュースもユーザーにとっては本質的な価値があるはずだ。通知はユー

ザーの行動を中断させてしまうため、悪いニュースの中でも一刻を争うものや適切なタイミングで送るべき内容に絞った方がいいだろう。例えば、TAPPでユーザーが保存しているルートが使えない場合には、通知を受け取る（**図4-30**）。この例における重要な情報は、ルートの迂回だ。ユーザーがそのルートを使おうとすると、「別の停留所を探すにはタップしてください」という説明文でユーザーに行動を指示するようになっている。

図4-30 特定のルートで迂回が発生すると、そのルートを保存している乗客に通知が届く。この場合、バスのルートと行き先が表示され、通知をタップすると代わりの停留所が表示される

エンゲージメントは多くのデジタル体験において重要な成功指標となっているが、通知はエンゲージメントを高める上でも役立つ。通知はあまりにも便利なので、ついつい使い過ぎてしまうが、そうするとユーザーが通知を完全にオフにしてしまうこともある。そのため通知を設計する際には、体験全体の一部として考えなければいけない。例えば、1人のユーザーが1日にどのくらいの数の通知を、どのタイミングで受け取れるようにするかを検討する必要がある。通知のカスタマイズ機能を提供すれば、ユーザーが実際に関心のある通知だけを受け取ることができるようになる。

多くの組織は、ショッピングアプリでお得な情報を得たり、ゲームで賞品を獲得したり、友人からメッセージを受け取ったりといった、ポジティブなインタラクションのために通知を利用している。しかしそれでは、ブランドにとって重要なメッセージである「エラー」に関する情報が除外されてしまう。

4.11 エラー

目的：ユーザーが目指す場所へ辿り着けるようにサポートし、必要に応じて、ユーザーが意図した方法では辿り着けないことを伝える

エラー状態とは、ユーザーが体験の中で意図した場所へ辿り着けない時に起こるものだ。エラーメッセージは、多くの場合、好循環の中で発生したトラブルを解消するために最初に示すものである（第1章、**図1-7**）。私たちの目的は、ユーザーが前進するのを助けることであるため、エラー状態もその例外ではない。エラーが発生した時は、テキストで迂回を促し、地図でユーザーが行きたい場所へ案内することができる。

エラーメッセージは体験を利用しようとしているユーザーに共感し、体験が伝えたいメッセージを維持するために、体験の中で最も重要な位置付けだと言える。そのためにUXライターは、ユーザーがやろうとしていたことをサポートすることに集中する必要がある。文法的には、エラーがない場合のタイトルや説明文と同様、動詞先行型の簡潔な説明文を使うことが多い。

信頼を維持するためには、ユーザーに責任を押し付けることは避けなければいけない。たとえそのエラーがユーザーのせいであったとしても、責めることはサポートにならないのだ。ユーザーが前に進めない場合は、その状態を明確にしよう。やり取りの中で、またブランド的に謝罪が適切であれば、ユーザーに遅延や損失、不便、期待はずれがあったことを謝罪しよう。

オフィスワーカーやエンジニア、デザイナー、ライター、IT専門家など、仕事で必要なシステムなどの体験においては、エラーの状態を詳細に説明した方がいい。この場合は好奇心を満足させるだけでは足りず、責任感を満足させる必要がある。なぜなら彼らは、自分が間違ったことをしていないか、自分ができること、すべきことはないかを確認したいからだ。より詳細な情報を提供することで、将来的にはその状況を元に自らエラーを発見したり予測したりすることができるようになるだろう。

「消費者」とも呼ばれる一般ユーザー向けにエラーの詳細や詳細情報へのリンクを追加する際は、詳細を示すことで前に進めるようになる場合、あるいはその体験やデータ、組織に対する安心感を与える場合のみに絞った方がいい。エンジニアやデザイナー、IT専門家であっても、局面によっては誰もが一般ユーザーになりうるとい

うことに注意してほしい。なお、本書に掲載している事例は一般ユーザーを想定しているため、ここで示すエラーテキストパターンには、プロレベルの詳細は含んでいない。

ソフトウェア体験におけるエラーは、ユーザー体験に割り込む度合いによって3つに大別される。

- インラインエラー
- 迂回エラー
- ブロッキングエラー

最も体験を中断させないエラーはインラインエラーで、ユーザーが体験を進める前に修正を勧めるものだ。このテキストは非常に短く、一般的にはユーザーの行動を止めるのではなく、ユーザーが体験と交わしているやり取りを明確にしたり、思い出させたり、指示したりすることができる。

例えば、チョウザメ倶楽部にサインインする際に、会員が10桁の数字以外を入力すると、10桁の電話番号を入力するように指示するエラーメッセージが表示される（**図4-31**）。このようにすることで、倶楽部側は会員に「何か間違ったことをした」と伝えずに済むのだ。また、正しい方法を教えることで、より早く会員のやりたいことを達成させることができる。

このようにフィールドの内容を検証してから次に進むケースでは、間違った内容を「無効」と呼ぶのがエンジニアチームにとっては自然なことかもしれない。なぜなら、その入力内容は結果的に検証に失敗しているからだ。しかし、「間違っている」と言われて嬉しいユーザーはいないし、体験を進めるために一番役に立つ方法でもないため、多くの組織は、そういった感情的な言葉は使わないだろう。またアメリカでは、「invalid（無効）」が障害者を表す言葉として使われており、能力主義的な言葉だとみなされていることも考慮しなければいけない。私たちが言葉を扱う時、常にその言葉の歴史と向き合っているということを忘れないで欲しい。相手を嫌な気分にさせるのではなく、前向きな方法を提供することに価値があるのだ。

図4-31 チョウザメ倶楽部にサインインする際に、電話番号のフィールドにユーザーが10桁の番号以外を入力すると、何を入力すればいいかの説明が表示される

インラインで修正対応ができない場合は、エラーメッセージを使って仮想的な「迂回路」や「利用不可」などのサインを掲げることができる。これらのエラーは、ユーザーが想定していた方法で行きたい場所に辿り着けない場合に発生する。

迂回のメッセージは、メインとなる指示内容を最も目立つ場所に表示する。実世界の例で言えば、道路で工事が行われている場合、迂回路の説明よりも迂回路の標識の方が目立つようにすべきだ。'appeeで支払い方法が拒否された場合のエラーメッセージでは、まずは指示を、次に説明を、そして次に進むための行動を提示している（**図4-32**）。前述したタイトルとボタンのパターンに沿って、ボタンをタイトルの言葉に合わせておけば、たとえ説明文が読まれなくても、ユーザーは次に進むことができる。

時には、ユーザーが体験（アプリ）の範囲外の行動を取らないと、前へ進めなくなってしまうことがある。そのエラーが体験自体の停止(計画的でも非計画的でも)であっても、もしくはウェブアドレスの欠落(404エラー)であっても、ユーザーがこれ以上先へ進めないことを明示した方がいい。可能であれば、いつ、どのような条件で、その体験が再び利用可能になるかを明記しておこう。

図4-32 何らかの理由で支払いが失敗した場合、'appeeでは新しい支払い方法を追加することで前に進めるようになる。解決策に焦点を当てることで、ユーザーと金融機関との間で生じた問題に関与することなく、ユーザーと'appeeの双方が最も関心を寄せているタスクの完了をサポートしている*8

例えば、インターネット接続に依存する体験では、その接続自体を管理することはできない。それは、自動販売機のコイン投入口に挟まったガムをこちらで取り除くことができないのと同じである。**図4-33**の通り、TAPPではユーザーがバスの運賃を

*8 [訳注] Venmoとはアメリカで広まっている個人間送金アプリの名称。

支払ったり、ルートを検索したりする前に、デバイスをインターネットに接続する必要がある。そのため、「インターネットに接続してください」というエラーを表現しているタイトルは、決して曖昧ではなく、明確に解決策を提示できていると言える。

図4-33 Wi-Fiがオフになっている場合、TAPPはエラーメッセージを表示することで、まず接続すべき理由を述べた上で、接続するために必要な行動を指示している

そしてTAPPでは、バス運賃の支払いやルート検索などの体験が提供する価値を強調し、そしてユーザーがすべきこと、つまりインターネットに接続するというタスクについて繰り返している。このように、「タイトル」→「価値」→「指示の繰り返し」というパターンは、その体験のお試しユーザーをサポートすることができる。

4.12 まとめ：まずはパターンを利用してみよう

この章で紹介したUXテキストパターンは、私がMicrosoftやGoogle、OfferUpで仕事や遊びで利用される体験を作りながら、独自に取り組んで時間を費やした研究に裏づいている。

これらのパターンはすべてモデルに過ぎないため、他のモデルと同様、状況によっては間違っている場合もある。また、これらのパターンが何百万人もの人々に受けられているからといって、すべての状況においてベストな選択肢であるとは限らない。これらを考慮した上で、使える文章を書き起こすためのガイドラインになればと思っている。そして、その文章をあなたが提供する体験に合わせて一番適した形に編集するといいだろう。

5章
編集せよ、ユーザーの目的は読むことではない

私は人々が読み飛ばす部分は省略するようにしている。
— ELMORE LEONARD、小説家

編集とは、テキストが目的に合っているか、簡潔であるか、会話的であるか、体験するユーザーにとって分かりやすいかを確認するために、繰り返し行うプロセスのことである。

スペルや句読点も重要だが、それだけではない。むしろ、文章を抜本的に変更することも考慮に入れることで、組織やブランド、そして体験を利用するユーザーのゴールを達成することを目的とした編集ができるようになる。

デザインに含まれるテキストを編集する際には、画面上のテキストの位置を確認しながら編集することが不可欠だ。テキストが移動して画面の見かけ上で階層が変わったり、また折り返し位置が変わったりすると、読まれ方や理解のされ方が変わってしまう可能性があるのだ。デザインに手を加えることで、どの単語が目立つかを調整したり、幅と長さに目を配ったり、UXテキストにとって十分なスペースを確保することができる。デザインに含まれるテキストを編集するためのツールやプロセスについては、第7章で詳しく説明している。

編集作業は、インスピレーションによって多くの変数を変化させる流動的なプロセスだ。しかし、この本はインスピレーションを得るための方法を紹介する本ではない。この章では、私にとってインスピレーションが湧かない場合でも有効だった、構造化されたプロセスについて紹介する。

5.1 編集の4段階

私たちがテキストを編集する際、少なくとも次の4点を満たしたい。

- 目的に合っていること
- 簡潔であること
- 会話的であること
- 明確であること

一度にすべてを満たすように編集することも可能だが、反復可能なプロセスとして説明するために、段階的に作業を進めていこう。まず、最初の書き起こしを行う。暫定的なテキストでも構わない。そして、そのテキストが4点すべてを満たしているかどうかを確認しよう。この段階では、UXテキストが長くなりすぎることがあるが、慌てる必要はない。編集が進むにつれ、テキストは短くなり、それとともに作業も難しくなっていく（**図5-1**）。

次に、文章を簡潔にする作業を行う。簡潔になった後は、生気のないロボットのような文章ではなく、会話的な文章になるまで再度調整し、そして最後に、体験を利用するユーザーが意味を理解できるかどうかを確認する。

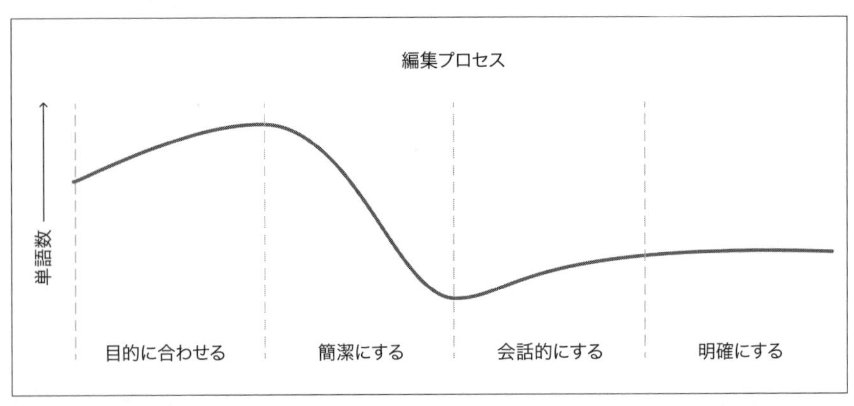

図5-1　この編集プロセスの曲線は、編集段階における単語数の増減傾向を示している。書き起こしたものから目的に合わせる段階でまず増加した後、簡潔にすると減少し、会話的にして明確にする段階でゆっくりと増加していく

5.2　目的に合わせる

例として、TAPPのアプリケーションで、クレジットカードが期限切れの状態で定期券を自動更新しようとしているユーザーに送られる通知を見てみよう。この通知の原文には、「支払い方法の有効期限が切れています：月間パスは更新されません」

といったタイトルと説明文がある（**図5-2**）。この通知は、問題を解決するためにすべきことを伝えておらず、TAPPのメッセージを作る際のルールを守っていない状態となっている。

図5-2　通知の原文。TAPPの乗客が定期的に自動購入している月間パスの支払い方法が期限切れの場合に表示される

私たちはまず、UXテキストがユーザーや組織にとっての目的を満たしているかどうかを確認する。ユーザーの目的を理解するためには、ユーザーにとってその体験がどのようなものかを想像する必要がある。毎月自動的にバスの月間パスを購入しているということは、普段からバスを利用している人だと考えられる。彼らが普段、何も考えずにバスに乗ってパスをスキャンできるのは、つまるところ、考える必要がないように設計されているからなのだ。しかし、クレジットカードの期限が切れると、バスのパスは更新されず、スキャンできなくなってしまう。有効期限に気づかなかったために、パスがなくなり立ち往生するという恥ずかしい思いをしてしまうかもしれない。なんということだ！

これが事実であれば、ユーザーはおそらく支払い方法の更新に関心を示すだろう。私たちが通知を設計することで、それをサポートすることができる。

また、TAPPの組織にとっての目的や、メッセージが潜在的にどのような影響を及ぼすのかも想像する必要がある。TAPPの体験の主な目的の1つは、乗客にとっても交通機関にとっても便利な方法でバス運賃を徴収することだ。しかし、TAPP

のもっと大きな目的は、コミュニティに交通手段を提供することである。この大きな目的を達成するためには、一般的に交通機関に対する好感度を上げて、この交通手段が簡単で便利なものだと思わせることが重要である。常連客との関係は十分良好だと考えていいが、彼らはこの交通機関の最有力支持者であるため、より一層良くする必要がある。

これで、この通知が満たすべき目的が分かっていただけただろう。

- 運賃の支払いで恥ずかしい思いをしないようにする
- 支払い方法を更新する
- 良好な関係性を強化する

また、TAPPのボイスチャート（第2章、**表2-22**）では、「無駄がない」「すべての運行が時間通りである」「あらゆる乗客のために運行する」といったコンセプトがあった。今回は当てはまらないかもしれないが、忘れないようにしてほしい。

これらの目的とコンセプトを念頭に置きながら、元のメッセージの新しいバージョンをいくつか作ってみよう（**図5-3**）。

すべてのバージョンがすべての目的を満たしていなくても問題はない。この通知の役割は、ユーザーが支払い方法を更新するプロセスに入ることだ。この通知の目的が達成できたかを測定するには、通知を出す前後において、自動支払いをしているユーザーたちが有効期限を更新した割合をチームで比較すればいい。そしてその他の目的は、ブランドの親和性や認知度に長期的な効果をもたらすものとなる。

しかしこの通知は、公開する前にさらに編集作業が必要だ。この通知は先程の目的に合わせてまとめられているが、その影響で非常に長くなっており、逆に一部の目的が伝わりづらくなってしまっている。これでは通知の目的がはっきりしない。そのため次のステップでは、中でも特に優れたバージョンを取り上げ、簡潔なものにしていこう。

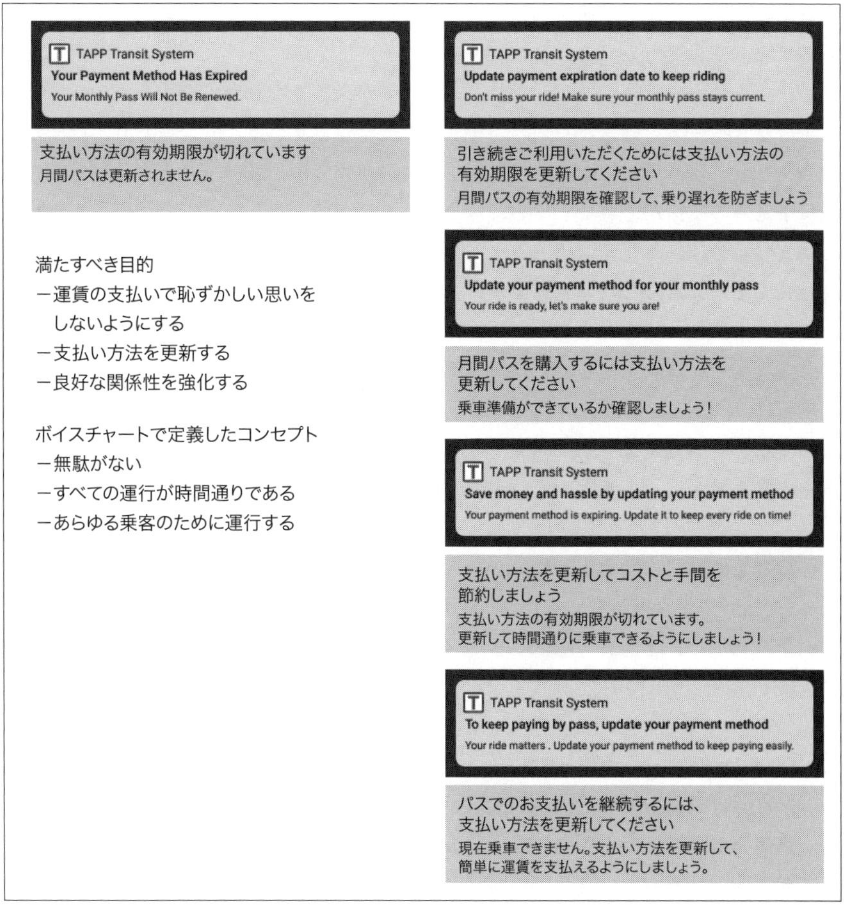

TAPP Transit System
Your Payment Method Has Expired
Your Monthly Pass Will Not Be Renewed.

支払い方法の有効期限が切れています
月間パスは更新されません。

TAPP Transit System
Update payment expiration date to keep riding
Don't miss your ride! Make sure your monthly pass stays current.

引き続きご利用いただくためには支払い方法の有効期限を更新してください
月間パスの有効期限を確認して、乗り遅れを防ぎましょう

満たすべき目的
ー運賃の支払いで恥ずかしい思いをしないようにする
ー支払い方法を更新する
ー良好な関係性を強化する

ボイスチャートで定義したコンセプト
ー無駄がない
ーすべての運行が時間通りである
ーあらゆる乗客のために運行する

TAPP Transit System
Update your payment method for your monthly pass
Your ride is ready, let's make sure you are!

月間パスを購入するには支払い方法を更新してください
乗車準備ができているか確認しましょう！

TAPP Transit System
Save money and hassle by updating your payment method
Your payment method is expiring. Update it to keep every ride on time!

支払い方法を更新してコストと手間を節約しましょう
支払い方法の有効期限が切れています。
更新して時間通りに乗車できるようにしましょう！

TAPP Transit System
To keep paying by pass, update your payment method
Your ride matters . Update your payment method to keep paying easily.

パスでのお支払いを継続するには、支払い方法を更新してください
現在乗車できません。支払い方法を更新して、簡単に運賃を支払えるようにしましょう。

図5-3 TAPPを定期的に利用している乗客に伝える4種類の通知バリエーション。できる限り多くの通知目的を考慮しつつ、月間パス購入に利用している支払い方法が期限切れしたことを伝えている

5.3 簡潔にする

体験の中で使われるテキストの量を減らすのには、大きな理由が2つある。1つは、体験を利用する目的はUXテキストを読むためではないということで（私たちUXライターは例外だが、メインユーザーではないので考慮しなくていい）、もう1つは、テキストに利用できるスペースが限られているということだ。

一般に、横幅は40文字以下、長さは3行以下のテキストが最も読みやすいと考え

られている*1。しかし、複数の言語にローカライズされるような体験を作る場合、英語のテキストは半分から3分の2程度のスペースしか使わないようにすべきだ。なぜなら、いくつかの言語では訳した時にスペースが大きくなりがちだからだ。

十分なスペースを確保しないと、デザイン要素がお互い重なり合ったり、画面からはみ出したりする可能性がある。文字ベースの言語では、スペースを賢く使わないと逆に予定外の空白ができてしまい、ユーザーの気が散ってしまう可能性がある。特に説明文の場合は、デザインパートナーや開発パートナーと協力して、その言語に合わせて長くしたり短くしたり調節できるような寛容なデザインを作ることが重要だ。

簡潔にするための編集とは、フレーズを核心的な意味まで絞り込んでいく作業だ。そして、様々な構成を試して、最も簡潔で分かりやすいものを探す。

例えば、「To keep paying by pass, update your payment method.」(パスでのお支払いを継続するには、支払い方法を更新してください。)という通知のタイトルを考えるとする。まずはいくつかの方法で試してみよう。

- 命令形の動詞で始める：「Update your payment info to buy monthly pass」(支払い情報を更新してください。月間パスを購入するために必要です。)*2
- ユーザーの目的から始める：「To buy your monthly pass, update your payment info」(月間パスを購入するためには、支払い情報を更新してください。)
- 関連性の高い情報から始める：「Monthly pass: Payment info update needed」(月間パス：支払い情報の更新が必要です。)
- 感情的な動機付けから始める：「Alert: Monthly pass payment problem」(アラート：月間パスの支払いに問題があります。)

また、どのアイデアが最も重要かを考える必要がある。同じ文章の中に3つ以上のアイデアが出現する場合、最後に出てきた言葉やアイデアが最も強く記憶に残る傾向がある。これは人間の脳の働きによるもので、最後に出てきた情報は、先に出てきた

＊1 [訳注] この数値は英語の場合であり、紙や画面など、媒体によっても変わる。

＊2 [訳注] 英語の場合、命令形の動詞で始めると指示が最初に来るので、読み手にとって取るべき行動が分かりやすい。単純に日本語に訳すと「月間パスを購入するための支払い情報を更新してください。」となり、修飾が長く旨味が感じられないため、ここでは、行動を文頭に持ってくるような和訳に変えている。

情報に比べて、記憶や行動に大きな影響を与えるのだ。

文章の中にある最初のアイデアは、文末の情報には敵わないが、2番目に強力な印象を与える。なぜなら、最初に読まれるものであり、最も頻繁に目に入るものだからだ。読み手が求めている情報が書かれていると気づいてもらうためには、その言葉を最も目立たせる必要がある。

この通知の例では、**図5-4**のように、目的に合わせる段階で作成されたバージョンの中の1つと、簡潔にするために4回繰り返し編集されたバージョンを示している。これらの編集でできるバージョンは、前のバージョンのコピーを作り、単語を削除したり順序を変えたりして、次々と作ることができる。そしてまたコピーを作り、言葉を削除したり並び替えを行う。この簡潔にする作業に集中して取り組むと、文章をどんどん短くすることができる。

目的に合わせたバージョン

T TAPP Transit System
To keep paying by pass, update your payment method
Your ride matters . Update your payment method to keep paying easily.

パスでのお支払いを継続するには、
支払い方法を更新してください
現在乗車できません。支払い方法を更新して、
簡単に運賃を支払えるようにしましょう。

簡潔にするために編集したもの

T TAPP Transit System
To buy your next pass, update your payment method
Keeping your ride easy is our top priority, but your card is expiring.

次回のパスを購入するには、
支払い方法を更新してください
手軽に乗車できることを第一に考えていますが、
お客様のカードの有効期限が迫っています。

T TAPP Transit System
To buy your next pass, update your credit card
Help TAPP keep your ride easy by updating the expiration date.

次回のパスを購入するには、
クレジットカードを更新してください
カードの有効期限を更新して、
TAPPのサービス向上にご協力ください。

T TAPP Transit System
Update your credit card before next month
Ride easier when you buy your monthly pass automatically.

来月までにクレジットカードを更新してください
自動で月間パスを購入すると、乗車がより手軽になります。

T TAPP Transit System
Update how you pay
Help TAPP help you ride easy! Update the expiration date.

支払い方法を更新してください
手軽に乗車できるようにTAPPにご協力ください！
有効期限を更新しましょう。

図5-4　TAPPの通知を検討したバージョンの１つからより簡潔になるように編集を繰り返して、４つのバージョンを作成した

この段階が終わると、私のメッセージは大抵、以前のものに比べて暗号のようなものになっている。「支払い方法を更新してください。」というバージョンは非常に簡潔でポジティブな表現であり、ユーザーが取るべき行動に焦点を当てているが、文脈が抜け落ち過ぎている。そのため、メッセージを明確にするためには、最も短く簡潔なバージョンを後続の段階に進める必要はない。代わりに、「来月までにクレジットカードを更新してください。」のように長いバージョンを使い、会話型の文章に編集していく。

5.4　会話的にする

UXテキストを会話的にする時、根本的な変更を加える可能性がある。この段階では、体験に最も適した会話的なバージョンを作成することに集中して、単語の追加や削除、順序の変更などを行っていく。

第3章で述べたように、ここで言う「会話的」とは、“ボイス”や“トーン”の問題ではない。言葉で対話している、つまり、体験と会話していると人間が認識できる状態のことである。つまり、対話にならないような唐突なテキストであってはいけないということだ。

図5-5の通り、この段階は、同じ内容を伝えるテキストを数個のアイデアに絞り込んでいく段階だ。

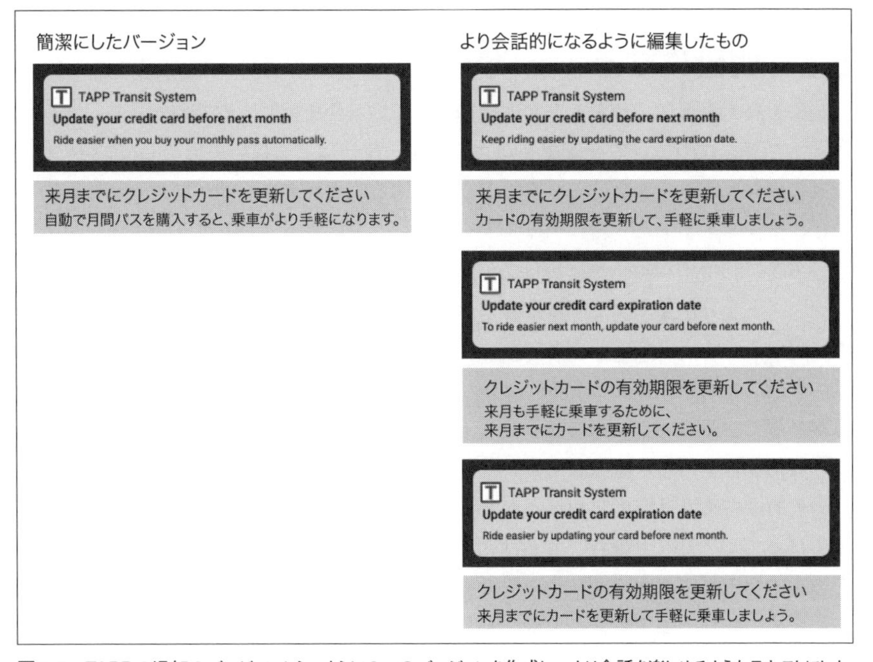

図5-5　TAPPの通知のバージョンから、さらに3つのバージョンを作成し、より会話を楽しめるようなテキストにした

選択肢をいくつか絞った今、ここから編集するためには、「人間の声」がベストな編集ツールとなる。タイトルや説明文は体験がユーザーに「語りかけている」ように読み、ボタンやオプション、リンクなどの入力フィールドは、ユーザーが体験に反応

しているように読む。同じ画面に複数のフレーズが表示される場合は、それらをまとめて読み上げる。例えば、画面タイトル、見出し、テキストがある場合だ。

ここで、スクリーンリーダーが読むテキストについても考えよう。このテキストには、表示されるテキスト以外に目に見えないテキストも含む。例えば、「運賃を支払う」というボタンだと、「ボタン：運賃を支払う」と読み上げる。

ボタンやリンク、その他入力オプションに書かれている言葉は、ユーザーから体験へ送るメッセージとして、適切な内容である必要がある。また、タイトルや説明文、見出しに書かれている言葉は、体験からユーザーへ送るメッセージとして、適切な内容である必要がある。さらにそれらの言葉は、世界的な舞台で組織のトップが語ろうと、ニューヨークタイムズに掲載されようと、恥ずかしくないものでなければいけない。

5.5　明確にする

編集を終える前に、テキストが明確になっているかを確認する必要がある。このタイミングで、改めて目的を確認した上で、ユーザーはどこにいて何をしているのか、なぜこのUXテキストを見ているのかを再考する。画面やユーザーフローが複雑な場合は、チームメイトと一緒にテキストを確認したり、ユーザーリサーチャーと協力して、実際に利用するユーザーからフィードバックを得るといいだろう。

テキストを分かりやすくするためには、体験を利用するユーザーが考えなくてもすぐに分かるような言葉を使うといい。一般的に、体験の内容が専門的になればなるほど、専門的な用語が必要となる。しかし、たとえ核物理学者であっても、その専門から離れると、日常的な言葉を使う「普通の人」である。専門家であっても、シンプルで一般的な言葉の方が認識しやすい。

一般的な言葉には慣用語や例えが含まれることが多い。これらの言葉は自然言語に散らばっているので（ほら、このように）、ベストなテキストができたと思っても、その言語を流暢に話せる人しか理解できないテキストになってしまっていることも珍しくない。また、ある言語や文化では、慣用語を使うことがベストだったとしても、他の言語と文化では翻訳できなかったり、不快感を与えてしまうこともある。

慣用語や例えを使ったテキストを提案する場合は、他の言語に翻訳できるように、より平易な代替案を作成しよう。ローカライズのシステムによっては、この平易な代替案を「言語コード0[*3]」としてコードに書いたり、コードにコメントとして代替案を書いておくこともできる。

慣用語を翻訳すると、別の意味に捉えられてしまうこともある。「この言葉は私の言語ではこんな比喩で表現します」と翻訳者が言った場合はそれを採用した方がいい。他の言語では分かりやすい代替案を使い、彼らの言語ではその比喩を使うのである。

TAPPの通知の例では、この時点でチームに提案するベストなテキストに絞り込む必要がある。私はどんなUXテキストでも、選択肢をいくつか提案するようにしている。それらの選択肢の中でどのテキストが最も効果的であるかをテストできるとベストだ。最悪の場合でも、チームに対して1つのテキストが様々な意味になり得ることを示したことになる。

私はチームに対して、最も効果的だと思われるテキストを順番に書き上げて、互いに異なる点を詳細に説明するようにしている（**図5-6**）。なお、これらの選択肢はすべてがプロセスの最後に出てきたものではなく、ごく初期の編集段階でその原石が見つかることもある。作業量が多いほど良いものができるわけでもないということを理解するのは難しいかもしれないが、ベストを尽くさないのは愚かである。

＊3　［訳注］例えば日本語を1、英語を2といったように言語ごとにコードを割り当てる場合に、平易な代替案を0に割り当てる、という意味である。

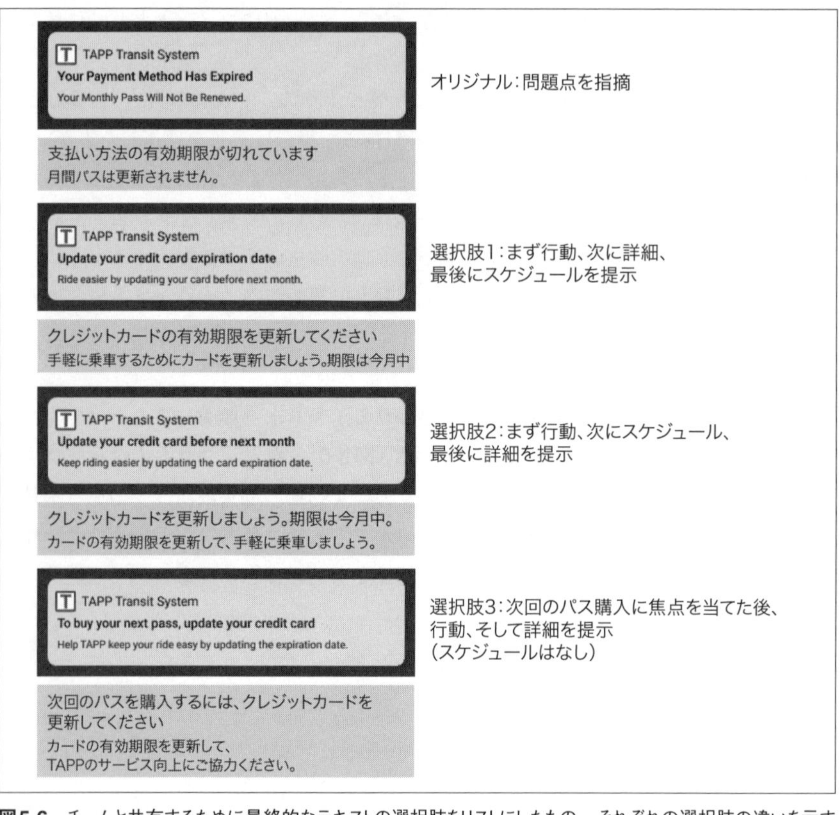

図5-6　チームと共有するために最終的なテキストの選択肢をリストにしたもの。それぞれの選択肢の違いを示す詳細な説明を加えて、自分が良いと思う順番で選択肢をリストアップしている

さらに編集が必要な場合は、第7章の「7.2　コンテンツレビューの管理」で説明しているように、ベストな選択肢を使ってコンテンツレビューのドキュメントを作成するといい。

5.6　まとめ：UXテキストでユーザーが前進するようにサポートする

元の言葉がどのように作られたとしても、編集することで、ユーザーをゴールへ導き、ポジティブなブランドイメージを確立し、組織を責任から守り、そしてユーザーに読んでいると感じさせない、記憶から消えていくUXテキストを作ることができる。これらの効果をどのように測定するかについては、次の章で説明する。

6章

UXコンテンツの効果測定

測定できなければ、改善することもできない。
— PETER DRUCKER、ビジネスコンサルタント

既存の画面に書かれたUXテキストが複雑すぎたり、長すぎたり、何度も同じ言葉が繰り返し使われているのが分かると、私はプロダクトオーナーに変更案を持っていく。

> 「取り組む価値があるか、どう判断すればいいのか？」とプロダクトオーナーは皆、口を揃えて言う。プロダクトオーナーは、チームのエンジニアリングにかける時間とローカライズにかけるコストを守っているのだ。UXテキストの変更にかけるリソースを得るためには、正しい議論をしなければいけない。
> 「成功したかどうかはどうやって測っているのか？」と私は問う。
> すると彼らは測定基準に関して説明するか、もしくはそれを持っていないことへの言い訳をする。
> 基準とは一般に、何かを始めるため、終わらせるため、何かに気づくために、「もっと多くのユーザーが必要だ」ということを非常に明確に示すものだ。そこで私は、現在のUXテキストのどの部分がユーザーの体験を遅らせるのか、どの部分が不満を与えて体験の継続を妨げているのかを説明し、私が提案する変更によって、どのように改善されるのかを示す。
> 「この変更をすることで、必ず測定結果は改善します」と私は言うのだ。

このようなシーンは、私が関わった少なくとも5つのチームから得られた100以上の会話から抽象化したものだ。大抵はこれで合意が得られるので、次に、開発スケジュールの中でいつどこでこの作業を追加するかを考える。私は、ワークアイテムとしてエンジニアリング作業を1つ追加することを提案する。サポートの役割とタスク

の記録を残すためだ。

UXライターの役割は、UXコンテンツを最適化することで体験を向上させることだ。UXライティングがもたらした成果を測定することで、UXライティングへ投資する価値を示すことができる。

しかし、UXコンテンツで何ドル稼げるのか、何ドル節約できるのかということ以上に、もっと高い価値がある。それは、何が効果的で、何が効果的でないかを測定することによって、この体験ではどのようなUXコンテンツがユーザーにとって効果的なのかをより深く知ることができるということだ。

デイリーアクティブユーザー（DAU：1日当たりの利用者数）のような体験全体の測定値では、全体像を把握することはできない。例えばDAUでは、体験が気に入らなくて利用をやめた人と、必要性がなくなって利用をやめた人を区別することができないのだ。ユーザーが体験の中でとった行動の理由を深く理解するためには、インタビューやアンケートのようなUXリサーチの手法の方が役に立つ。

直接測定できなくとも、また体験を利用するユーザーを対象に新しく調査をしなくとも、UXライターは豊富な既存のユーザビリティ調査を利用することができる。ビジュアルデザインやインタラクションデザインに適用されるユーザビリティの原則には、既にUXコンテンツに相応しい項目が含まれている。また、UXコンテンツを測定するために、定義した“ボイス”を活用することもできる。これらのヒューリスティック[*1]を測定することで、改善するためのベースラインを確立することができるのだ。

本章では、体験におけるユーザーの行動を直接測定する方法をいくつか検討する。UXライターがユーザーがなぜそのように行動するのかを理解することに役立ち、ユーザーのコメントやフィードバック、質問、そしてユーザーが理解しやすい言葉を引き出してくれるようなUXリサーチの手法を簡単に紹介する。最後には、UXコンテンツを「採点」するために、“ボイス”やユーザビリティに対してヒューリスティックをどのように使うのかを検討する。

＊1　［訳注］「ヒューリスティック」とは、経験則に基づいて問題を発見する方法で「発見的方法」とも訳される。UXデザインの文脈では「ヒューリスティック評価」や「ヒューリスティック分析」という言葉が使われることがあり、経験則に基づいてWebサイトやアプリの課題を発見し、評価することを指している。経験則をチェックリストとして整理し、評価の際に用いられることもしばしばある。

6.1　UXコンテンツの直接測定

組織には成功を測定する方法がたくさんある。その測定方法を体験に関連づける方法は様々だ。この点については基本的には本書の範囲外だが、'appeeの例をお見せしよう。

'appeeでは次の3つの方法で収益を得ている。

- ユーザーが画像を閲覧する際に広告を表示する
- アップロードされた画像とそれに対するユーザーの反応を機械学習した結果を他の企業に販売する
- ユーザーがアップロードした画像を利用して物理的なアイテムを販売する

つまり、'appeeは収益を得るために、キーとなるこれらの行動を最適化する必要がある。

ゲームをプレイすること（つまり、画像をアップロードすることになる）

ユーザーが遊ばなければ、物は売れることも、画像が見られることもなく、機械学習に必要な画像の数も足りなくなる。したがって、画像をアップロードすることは、'appeeの3つの収益を支えていると言える。

画像を閲覧すること（つまり、広告が表示されることになる）

ユーザーが画像を閲覧しなければ、'appeeは広告ネットワークから広告表示による対価を得ることができない。

「いいね」、ブロック、コメントなど画像へ反応すること

ユーザーが画像に反応することで、'appeeは機械学習を使って、他社に販売するデータの価値を高めることができる。

アップロードされた画像を使った物理的なアイテムが購入されること

これは'appee側にオペレーションコストがかかるため、最も利益率の低い活動である。

ユーザーがこのような行動をしなければ、'appeeはビジネスとして失敗する。これを防ぐためには、プレイヤーにとって使いやすく、魅力的で、競合他社よりも惹きつけられる体験を提供する必要がある。

これらの行動を測定してからUXに変更を加えると、UXの変更がこれらの行動に影響を与えたかどうかを知ることができる。既存の体験にUXの変更を加えた際の影響を知るためには、**A/Bテスト**を行うのがベストだ。

A/Bテストでは、その体験を利用しているユーザーのサンプル（グループA）に提案された体験の変更を公開し、期待している行動が増えるかどうかをテストする。もう1つのサンプルは、コントロールグループとして選ぶ（この例では、グループB）。テストを計画して体験を変更する準備が整ったら、グループBには非公開のまま、グループAに変更を公開する。もしバージョンAがバージョンBよりも行動に良い影響を与えていると分かれば、全体をバージョンAへ移行させればいい。

サンプルAとサンプルBは、結果が統計的に有意となるように、十分に似ていて、十分に大きいことを確認した上で選ばなければいけない。テスト計画には、これらのサンプリング基準だけでなく、テストの実施期間、測定対象となる行動、有意性を示すために必要な、テストグループ間における行動の最小差などを含める必要がある。

A/Bテストを実践する上で考慮すべきことは、テストが常に可能であるとは限らないし、望ましいとも限らないということだ。異なるユーザーに異なるバージョンを提供し、それらのグループを個別に測定できるように体験を設計する必要があるのだ。テストを実行して有意な結果を得るためには、相当な時間がかかる。新しい体験（あるいは体験の新機能）を採用する初期段階では、A/Bテストで違いを示すために十分なユーザーがいないということもありうる。

A/Bテストが可能であり、かつ望ましい場合、A/Bテストのシグナルとして測定できる共通の行動がある。この章では、体験を測定する6つの方法について考える。

- オンボーディング
- エンゲージメント
- 完了
- リテンション
- リファラル
- コスト

6.1.1 オンボーディング

オンボーディングペースとは、初めて体験した人がそれぞれのキーとなる行動を行うのに、平均でどれくらいの時間がかかるかということだ。これらの時間の長さを測定するには、'appeeでは以下の行動の日時を記録している。

- ユーザーが初めてEメールアドレスや電話番号、パスワードを提供する
- 初めてメイン画面を下にスクロールする
- 初めて「いいね」やコメント、ブロック、アップロードをする
- 初めて商品を購入する

これらのシグナルから、'appeeが注目している行動を新規ユーザーが取り始めるまでに、通常どのくらいの時間がかかるかを計算することができる。これが各行動のオンボーディングペースのベースラインとなり、どれくらいで新規ユーザーが'appeeにとって価値を生み出すのか、'appeeが新規ユーザーに価値を提供できるのかを示す具体的な指標となるのだ。最初の数秒間でアプリからユーザーに与える情報は、これらの行動に大きな影響を与える。チームは、体験に初めて訪れた際に提示されるUXテキストの候補についてA/Bテストを行うことで、オンボーディングペースを測定することができる。

6.1.2 エンゲージメント

エンゲージメントは、特定の時間帯にどれだけのユーザーが体験に対して「アクティブ」であるかを測定する。ここで重要なのは、組織にとって価値のある方法で「アクティブ」の意味を定義することだ。広告を利用している体験のほとんどにおいては、「アプリを開いた」ことでアクティビティを測定できる。このアクティビティは、体験全体のデイリーアクティブユーザー（DAU）やマンスリーアクティブユーザー（MAU）として報告されることが多い。

'appeeでは、ユーザーが何をしているかという体験からのシグナルを事業担当が受け取れるように設計されている必要がある。例えば、買う、見る、アップロードする、画像に反応するといった情報だ。これはキーとなる行動の実行可能性を測定するということであり、ユーザーが体験を利用し続けるかどうかを知ることができる。例えば、「アプリを起動して、3枚以上の画像を閲覧した」状態をアクティブと定義し、

DAUを120万人と報告した場合を考えてみよう。

チームがUXコンテンツを更新する際には、その更新内容をA/Bテストして、エンゲージメントにプラス（もしくは少なくともニュートラル）の効果があるかどうかを確認することができる。例えば、ソフトウェア開発者の間では、「文字数が多いとエンゲージメントが下がる」という神話が根強く残っているようだが、より文字数の多いUXテキストが考案された場合、その更新をA/Bテストして、エンゲージメントが低下しないことを確認できる。逆に、UXコンテンツを適切に変更することで、エンゲージメントが向上することに気づくことだろう。それは例えば、UXテキストや、体験の中でユーザーが消費するコンテンツ（'appeeの場合はゲームのテーマやアップロードされた画像）、ハウツーコンテンツの質などかもしれない。

6.1.3 完了

完了とは、ユーザーがエンゲージするだけでなく、キーとなる行動を完了することだ。いくつかのキーとなる行動では、完了することとエンゲージメントは同義である。それはつまり、画像を閲覧する、「いいね」を押す、画像を保存するといった行動は、それだけが個別で「完了」することはないということだ。しかし、コメントを残すといった複雑なプロセスを開始した後にキャンセルした場合においては、完了せずにエンゲージしていると言うことができる。

完了について考えるならば、その反対の「放棄」についても考える必要がある。'appeeのユーザーが商品を購入しようと行動を始めたとしても、途中でショッピングカートから商品を削除してしまっては、'appeeはその機会を最大限に活用できていないと言える。同様に、画像のアップロードをし始めても、投稿せずにキャンセルしてしまったら、'appeeはその画像を学習する機会を得られない。

完了率が高まるように体験を変更できれば、ビジネスの成果を向上させる体験を作ることができたと言える。もしその変更対象がUXテキストであれば、UXテキストがビジネスの成果を向上させたと言うことができる。

6.1.4 リテンション

エンゲージメントを「1日あたりの人数」と言えるとすると、リテンションは「1人あたりの日数」と言える。'appeeだけでなく、体験を提供する組織のほとんどは、ユーザーを体験のリピーターにしたいと考えている。測定方法が、「平均的なプレイヤーが1日に何回'appeeに訪れるか」か「1人が何日連続して'appeeを利用するか」のどちらであるかに関わらず、リテンションは、その体験に対する継続的な関心を示す指標となる。リテンションは、ユーザーがどのように感じるかが重要であり、それがブランドとの親和性を示す指標となるのだ。

体験全体に関わるUXテキストに変更を加えると、微細な効果をユーザビリティや"ボイス"に与えることとなり、結果的にリテンションに対して驚くほどの効果をもたらす。この理由の1つに、UXテキストに"ボイス"が反映されていると、競合他社と差別化することができるため、リテンションの向上に繋がるという理由がある。変化という出来事自体を認知度の向上やマーケティングに活用することもできる。例えばブログや記事では、体験を利用するユーザーに焦点を当てているということを強調するといったようなことだ。

"ボイス"を変更したとしても、ユーザーが使いにくいと感じた体験は、必要最低限の時間しか利用されない。使いやすさを向上させるために、UXコンテンツを変更し、ユーザーが他の選択肢よりも好きになるようにできれば、リテンションに対する効果測定ができる。

6.1.5 リファラル

リファラルは体験を利用するユーザーがより多くの人に体験をおすすめすることを指す。'appeeでは、アプリ内の画像をFacebookやTwitterでシェアすることで間接的に紹介することができる。また、「友達を誘う」というプロモーションやバッジなど、直接紹介する機会も設けることによって、体験を利用するだけでなく、キーとなる行動を取るユーザーを増やすことができる。

UXコンテンツのアップデートが機能性やユーザビリティ、ブランドに影響を与えるものであれば、その体験を気に入ってくれそうな友人や家族のことをユーザーが思い出すこともあるだろう。もちろん、友人や家族のことを思い出して繋いでもらえる新しい仕組みを意図的に加えた場合は、特に紹介率を監視する必要がある。

6.1.6 コスト削減

組織が増やしたいと思っているポジティブな指標に関する測定値とは別に、ビジネスを行う上で最小化すべきコストというリアルな値もある。例えば、'appeeでは、画像をあしらった商品の発送やユーザーが体験を利用する上でのサポート、ルールに従わないコメントや画像、説明文の管理などに関するサポートコストが発生する。つまり、体験を変更することで理解しやすいものになり、ルール違反を防ぎ、発送ミスを減らすことができれば、組織はコストを削減することができるのだ。

しかしA/Bテストだけでなく、体験の構築と更新には、他にも関連するコストがある。それは開発や設計、意思決定にかかる時間であり、従事する人に支払うコストである。チームが設計、開発、決定を素早くできるようになったり、あるいは自信を持って進められるようになれば、節約した時間とエネルギーを、優れたアイデアをより多く排出するために充てることができる。チームがより良いUXコンテンツを最初から作ることができ、ローカライズにかける費用を一度だけに済ますことができるようなフレームワークを採用することで、組織は時間とお金を節約することができる。全体的にかかる資金は減らないかもしれないが、今ある資金でより多くの開発ができるかもしれない。

さらに言えば、A/Bテストでは、特定のテキストが他のテキストよりもなぜ効果的なのかという理由を知ることはできない。UXライターは、UXリサーチを使いこなしたり、ヒューリスティックを用いて体験デザインの効果を予測したりすることによって、直接的に測定ができるようになる前から、テキストが良いかどうかを予測できる能力が求められる。

6.2 UXコンテンツのリサーチ

UXライターはオーディエンスを知る必要がある。つまり、その体験を利用した人、利用するかもしれない人、利用する人のことであり、彼らがなぜそこにいるのか、何をしたいのか、彼らは自らの行動についてどう思っているのか、そして彼らにとっての成功とは何なのかを知る必要があるのだ。UXリサーチを行うことで、チームの誰とも異なった経験を持ったユーザーたちから影響を受ける機会を得ることができる。

UXリサーチにおいては、UXライターはユーザーが実際に使う言葉に特に注意を払う必要がある。ユーザーが自分の意図を表現したり、体験の中の一部分を呼ぶ際に使う言葉は、ユーザーの頭の中に既にある言葉だ。これらの言葉は、ユーザーが最も労力をかけずに認識できる言葉であり、ユーザーが読んでいるという感覚を持たずに目を通せる言葉なのだ。

UXコンテンツに役立つリサーチ手法としてよく使われているものには、以下のようなものがある。

- レビュー、質問、コメントの分析

- 1対1および少人数でのインタビュー
- カードソートのように共同でデザインを行う練習
- ユーザビリティテスト
- アンケート

できれば、このようなリサーチを実施したりサポートしてくれるようなUXリサーチャーが、あなたのUXチームにいることが望ましいだろう。しかし、リサーチ専門のリソースがなくとも、できる限りのリサーチを行うだけでも、利益を得ることはできる。

6.2.1 レビュー、質問、コメント

リサーチを始めるのに最も簡単な方法の1つは、アプリストアのレビューやサポートチームへの質問、正式なベータプログラムなど、ユーザーから既にもらっているフィードバックから始めることである。例えば、'appeeのチームでは、プレイヤーから寄せられたレビューや星の数、ソーシャルメディアでの言及、プレスリリースやソーシャルメディアでのコメントなどから学ぶことができる。

これらのコメントの中でも、ユーザーの熱量が高い部分に注目してほしい。なぜならそれらは、人々の心に響くアイデア、機能、言葉であるからだ。それらは体験の基盤になる強みだと言える。次に、新機能を求めているわけではなく、「何ができるのか」「どうすればいいのか」といった疑問や不満を示すコメントやレビュー、質問を集めて整理する。このようなユーザビリティ上の問題がある場合、UXコンテンツを調整することで、ユーザーをサポートできるかもしれない。最後に、ブランドに対する失望が見える場合は、“ボイス”を改善し、より良い期待を与えられるような機会を探すといい。

6.2.2 インタビュー

既存のフィードバックを分析することよりも最も基本的で積極的なリサーチは、体験のターゲットとなる人々に話を聞くことだ。ネットに広告を出したり、図書館に掲示したり、近所のショッピングモールで会話をすることによって、ターゲットを探すことができる。重要なのは、組織が体験に惹きつけたいと思っているターゲットを純粋に代表するような人々を見つけることだ。

'appeeのような組織では、インスタグラムを使っているユーザーや、画材屋の掲

示板に張り紙を掲げたりしているユーザーに近づくことで、最初の会話のきっかけを作ることができるだろう。TAPPでは、物理的なバスの停留所やコミュニティセンター、図書館、バスの中などに掲示してもいい。チョウザメ倶楽部では、フロントにさりげなくメッセージを置いて、会員に意見を聞いてみることもできるだろう。

リサーチの参加者は、チームが自分たちに不足していると思われる視点を持った人を募集するといい。例えば、'appeeでは、24歳から38歳の開発スタッフと同じ年齢層だけでなく、10代の若者や世間に認められている年配のアーティストにも魅力のあるサービスを提供したいと考えている。他の例として、チョウザメ倶楽部では、モバイル機器やコンピュータを使うのが苦手なメンバーにもサービスを提供し、参加してもらえるようにする必要がある。そしてTAPP社は、新しいオンライン決済システムを導入することで、モバイルデータにアクセスできない人や、移動や視力が不自由な人、従来の銀行を利用していない人も考慮に入れて、利用できるように設計する必要がある。

募集の際には、組織の機密保持方針を尊重することが重要であり、参加者に秘密保持契約書（NDA）に署名してもらう必要も出てくる。おすすめするのは、プロのリサーチャー（もしくはリクルーター）と協力して、あなたが体験を利用してほしいと思っている人々を純粋に代表するユーザー像を定義し、募集することだ。

人を集めた後は、インタビューを行うことで、その人のことや体験との関わりについて詳しく知ることができる。まず、彼らとの信頼関係を築き、組織が何をしようとしているのか、その背景を説明することから始める。彼らがどのように話し、どのような言葉を使っているのかに耳を傾けて欲しい。ここがまさにライターにとっての金脈である。彼らと体験が交わす会話をデザインするために、彼らにとって意味のある言葉を探す必要がある。また、彼らが自分にとって最も価値のある部分には興奮し、心配なことには恐れや失望を抱いている様子をみることができるだろう。彼らに耳を傾けることで、何を望んでいるのか、何を必要としているのか、体験に何を求めているのかを知ることができる。

インタビューの中でも特殊なものとして、ユーザビリティテストがある。ユーザビリティテストとは、デザインされた体験を実際にユーザーに体験してもらい、その体験に対する行動や反応を注意深く観察し、それについてユーザーと話し合うことだ。ユーザビリティテストは、UXコンテンツを作るための情報収集に役立つ以外にもたくさんのトピックがあるが、ほとんどは本書の範囲外である。UXライターにとってユーザビリティテストは、特定のインタビューの型であり、その人がその文脈の中で使う言葉を吸収しつつ、デザインされたUXコンテンツに対するフィードバックを直接得ることができるものである。

バイアスをかけずにインタビューを行うために、専門の科学と技巧が存在する。UXリサーチは豊かな学問なのだ。UXリサーチを行うには、チーム内のリサーチャーと協力したり、UXリサーチのリソースを参考にしたりすることもできる。こういったインタビューに注意を払うことで、インタビュー対象者が使う言葉を使って、彼らが価値を感じ、彼らの不安を解消するような会話をデザインすることができる。リサーチによって得られたUXテキストは、より魅力的で惹きつけられるものにすることで組織にとっての体験価値を高め、さらにサポートコストの削減にも繋がる。

6.2.3 共同デザイン

インタビューの次は、ユーザーと一緒に体験を作っていく。共同デザイン、つまりユーザーと一緒にデザインするとは、体験の設計や開発において、ユーザーの目的や関心事を“ボイス”に反映させることだ。彼らに自分自身について教えてもらうことで、その体験を利用するユーザーに焦点を合わせることが容易になっていく。さらに重要なことは、チームがまだ考慮していなかった意見や懸念を彼らから引き出すことだ。

第3章で紹介した会話設計のエクササイズは、共同デザインのアクティビティだ。また、カードソートのエクササイズもある。このアクティビティでは、UXライターが予め用意した、体験に関連する言葉を書いたカードを、グループや順序、階層などに分類する。そしてもう1つのアクティビティは、「魔法の杖」というエクササイズだ。これは「もし、あなたが魔法の杖を持っているとしたら、それを使ってこの体験をどのように変えますか？」という質問に答えるものだ。

6.2.4 アンケート

100人にインタビューを行うにはコストも時間もかかりすぎるが、100人にアンケートで質問することはインタビューよりもはるかに実施しやすい。アンケートでも特に自由回答の質問に回答してもらうことで、彼らの頭の中に既にある言葉を知ることができる。

アンケートのもう1つの目的は、体験やブランドに対する感じ方にテキストがどのような影響を与えるかを知ることだ。この調査においては、組織や競合他社について説明してもらうような質問を設定することもある。これによって、彼らが使う言葉やフレーズを、組織の製品理念やコンセプトを支えるメッセージのコンセプトと比較することができる。これが一致していればするほど、理念が正しく伝わっているということになるのだ。

しかし、チームがもっと知りたいと思っていても、インタビューや共同デザイン、アンケートなどに時間を割けないこともあるだろう。そんな時、UXコンテンツを最も早く、コストをかけずに分析する方法は、ヒューリスティック分析を行うことだ。つまり、UXコンテンツをユーザビリティや"ボイス"に照らし合わせて測定し、改善し、再び測定するのだ。

6.3 UXコンテンツのヒューリスティック

UXコンテンツをどこから改善すればいいか分からない時は、体験のテキストを「良いもの」にするための一般的なルールを適用することができる。ヒューリスティックと呼ばれるこの一般的なルールは、体験に対する組織的な目的や、それを利用するユーザーの目的、そして組織の"ボイス"を理解していれば、テキストが書かれている言語のネイティブスピーカーなら誰でも適用することができる。

本書では、これらのヒューリスティックを整理して、UXコンテンツをどのように改善すべきかを示す一般的なスコアカードを作成した。これは私自身のXboxやOfferUpでの仕事や研究に加え、Nielsen Norman Groupの「10 Heuristics for User Interface Design」(https://www.nngroup.com/articles/ten-usability-heuristics) を一部参考にしている。この一般的なスコアカードを文章のテンプレートにしておけば、様々な体験において再利用することも、修正して使うこともできるだろう。

スコアカードを利用するには、体験全体の中から、一般の人が完全なタスクとして理解できるものを選ぶ。例えばTAPPでは「ルートを見つける」、チョウザメ倶楽部では「メッセージを送る」、'appeeでは「初めて'appeeを起動する」といったタスクだ。まずその体験を利用するユーザーのゴールと、その体験を提供することで組織が達成しようとしているゴールを記録する。そして、スコアカードの各基準を10点満点で評価するのだ。つまり、ある体験がその基準を完全に満たしていれば10点、ほんの少ししか基準を満たしていない場合は10点満点中2点、といった具合だ。基準に当てはまらないものは、最終的に計算から除外する。

エッセイの採点や犬種の判定に主観が入るのと同様に、採点にも主観が入ってしまう。点数が体験を絶対的に評価するものではないということを念頭に置けば、「良い」UX、「悪い」UXという道徳的なニュアンスを避けることができる。そして、これらの測定テクニックを使って、体験のどの部分を改善すべきかを見つけることに集中する。変更を加える前にスコアカードを使用し、提案された変更を測定する際に再度スコアカードを使用することで、変更がもたらす影響を見積もることができるだろう。

スコアカードには大きく分けて2つのカテゴリーがある。それはユーザビリティと"ボイス"だ。これらには評価基準として「アクセシブル」「目的に合っている」「簡潔である」「会話的である」「明確である」という6つの基準が設定されている。"ボイス"には第2章のボイスチャートで定義された6つの基準（コンセプト、語彙、冗長性、文法、句読点、大文字表記）がある（**表6-1**）。

表6-1 UXコンテンツのユーザビリティと"ボイス"を採点するための白紙テンプレート

UXコンテンツのスコアカード			
ユーザーのゴール			
組織のゴール			
ユーザビリティ			
評価基準		コメント	スコア (0–10)
アクセシブル	ユーザーが慣れ親しんだ言語で利用可能であること		
	リーディングレベルが中学1年生（一般）または高校1年生以下であること		
	すべての要素にスクリーンリーダー向けのテキストがあること		
目的に合っている	ゴール達成のためにすべきことやできることが明確であること		
	組織のゴールを達成できること		
簡潔である	ボタンに使用する単語数は3以下、テキストは幅50文字以下、長さ4行以下であること		
	体験の中で提示される情報の内容とタイミングが適切であること		
会話的である	ユーザーにとって馴染みのある言葉、フレーズ、アイデアであること		
	会話の進め方が有用であり、論理的な順序であること		
明確である	行動に対して結果に曖昧さがないこと		

明確である	使い方やポリシーに関する情報が見つけやすいこと		
	エラーメッセージがユーザーが前に進むために役立つ、もしくは前に進めないことを明確に示していること		
	同じ言葉の意味にゆらぎがなく、一定して同じ概念を表していること		
"ボイス"			
評価基準		コメント	スコア (0–10)
コンセプト			
語彙			
冗長性			
文法			
句読点			
大文字表記			

スコアカードの使い方の例として、'appeeのオンボーディングメッセージを見てみよう。これは、ユーザーが最初にサインアップした時に、その進め方をサポートするために'appeeが提供している体験だ。メッセージは、ユーザーが最初にメイン画面に来た時に表示される。

スコアリングのためには、画像や動画を撮影しておくと、詳細を覚える必要がなく便利である。重要なのは、UXテキストをユーザーが普段接する状況において評価することだ。

'appeeのオンボーディングフローには3つの画面がある。まず、画面の中央には最後のチャレンジで勝った画像の上にメッセージが表示される（**図6-1**）。2番目の画面では、その画面の右下にあるブックマーク用のアイコンを、最後の3番目の画面では、画面の下にある「始める！」ボタンを、それぞれ注目させるようにメッセージが表示される。

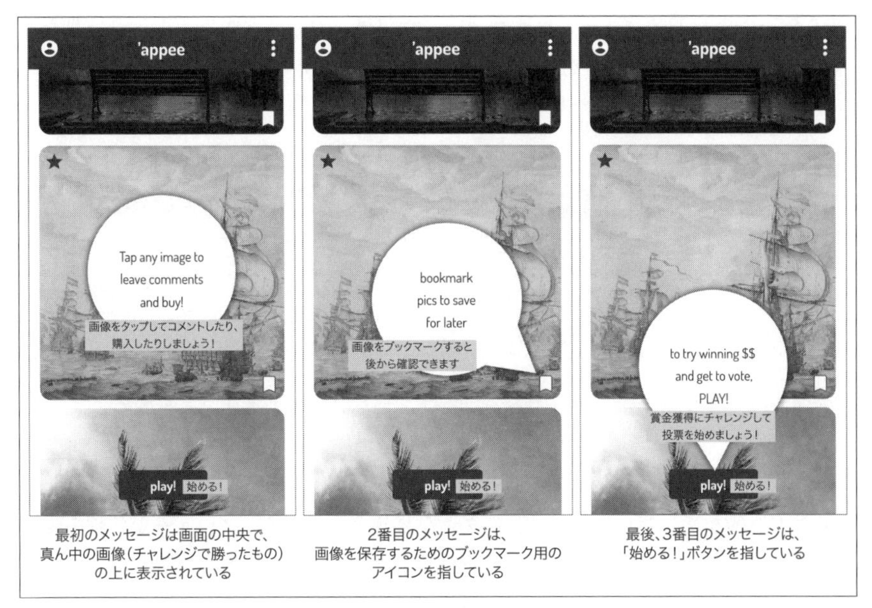

図6-1 'appeeのオンボーディングフローにおける3つの画面

スコアカードを作成するには、ユーザーが何をしようとしているのか、つまりユーザーの目的は何なのか、そしてまた、組織は体験を提供することで何を得たいのか、ということを知る必要がある。第3章の会話型デザインのエクササイズと同様に、タスクのゴールをリストアップすることから始めよう。'appeeのオンボーディングフローでは、プレイヤーのゴールはかなり曖昧だ。はっきりしているのは、ターゲットは'appeeの新規ユーザーであるということだけだ。画像をアップロードするプレイヤーもいれば、画像を閲覧したり、保存したり、コメントしたり、画像が使われているアイテムを購入するプレイヤーもいるだろう。

'appeeのビジネスゴールはもっと率直で、「新規ユーザーがエンゲージメントを開始するまでの時間を短縮し、オンボーディングペースを改善する」というものである。本章の最初に挙げたキーとなる行動は、この時点でもまだ有効だ。つまり'appeeは、画像の保存や、コメント、「いいね」、画像のアップロード、画像の閲覧、画像が使われているアイテムの購入などをしてもらいたい、ということだ。

これらのゴールは、スコアカードテンプレートの最初の部分に書くことができる

(**表6-2**)。これはUXコンテンツがユーザーや組織に対してどのような役割を果たすべきかを示している。スコアカードをチームにとって使いやすいものにするために、ゴールは簡潔で文脈に沿ったものにする必要がある。

表6-2 UXコンテンツのスコアカードに書き込まれた'appeeのオンボーディングにおけるゴール

'appeeにおけるUXコンテンツのスコアカード	
ユーザーのゴール	曖昧 - 画像の保存や画像に対するリアクション、チャレンジをプレイすること、ユーザー自身のプロフィール作成、アイテムの購入などが考えられる
組織のゴール	特に保存やコメント、「いいね」などの行動については、機械学習モデルに反映されることで広告をパーソナライズするのに役立つため、始めたばかりのユーザーにも分かるようにしておく

画面の内容とゴールが分かったら、UXコンテンツのスコアリングを始めよう。

6.3.1 アクセシブル

最も本質的なユーザビリティは、アクセシビリティである。ユーザーが体験を受けたくても、アクセスできなければそれを使うことはできない。UXコンテンツのアクセシビリティを測定するために、言語の利用可能性、読解レベル、ラベル付けという3つの評価基準を設けている。

■ ユーザーが流暢に使える言語で利用できること

言語はアクセスに関わる要素の中で最も基本的なものだ。例えば米国の国勢調査では、米国で話されている言語は350以上で、人口の8%がLimited English Proficiency (LEP) *2であると記録されている(https://www.migrationpolicy.org/article/limited-english-proficient-population-united-states)。もしアメリカで英語でしか公開されていない体験があれば、10点満点中9.2点しか付かないだろう。これは悪い点数ではないが、言語の問題だけで8%の人が利用できないということが証明されてしまうことになる。

言語はスコアカードの中では仲間はずれのように思えるかもしれない。なぜなら、体験の中で利用できる言語は、オンボーディングメッセージに限った話ではないからだ。しかし、ローカライズされたメッセージは、体験で使われているメイン の言語よりも、ユーザーに届くスピードがゆっくりになることが多い。また、UXコンテンツが新しく更新された場合、他の言語で利用できるようになるまでに数日から数週間の

*2 [訳注]母国語が英語以外であり、英語が堪能ではない人を指す。

遅れが生じることもある。

'appeeのオンボーディングでは、言語に関するアクセシビリティを重視している。チャレンジが母国語で書かれていれば、より多くのユーザーがプレイするだろうという仮説を立てて、親会社は複数の国で事業を展開しているのだ。以上の点から、'appeeはこの評価基準において10点満点だと言える（**表6-3**）。

表6-3 UXコンテンツのスコアカードで、'appeeのオンボーディング体験は、言語に関するアクセシビリティの評価基準において満点になっている

ユーザビリティ	評価基準	コメント	スコア（0–10）
アクセシブル	ユーザーが流暢に使える言語で利用可能であること	はい。en-US、zh-TW、es-MX、jp-JP、fr-FR、fr-CAにおいて利用可能である*3	10

◘ リーディングレベルが中学1年生（一般）または高校1年生（専門）以下であること

リーディングレベルは、言語の使いやすさを測るもう1つの方法だ。ある言語を流暢に話す人でも、その言語を流暢に読めない場合がある。そのような人が読んで理解するためには、通常の人よりも練習が必要であり、より注意深く体験の中のラベルやタイトル、ボタン、説明を読む必要がある。認知機能に与える影響は集団によって異なる。例えば、人の読む能力に関わるものには、注意欠陥障害、失読症、脳震盪などがあり、また、アルコールや薬物による障害もある。障害があっても使えるような体験を作りたい場合には、こういった障害についても、考慮に入れる必要があるのだ。

英語のリーディングレベルを測る指標としては、Flesch–Kincaid Grade LevelやGunning fog index、SMOG index、Automated Readability Index、Coleman-Liau indexなどがある。これらは、文の長さと単語の長さを用いて、その文章を理解できる最低学年を、米国の学校制度基準で推定するものだ。**これらの指標はいずれも、UXコンテンツを測るために学術的に検証されたものではないが、**同僚の誰かがこれを研究して結果を出してくれることに期待！

リーディングレベルを測るためのフリーの計算機はいくつか大企業が作ったものもあり、オンラインでも利用できる。これを利用する際には、ピリオドがついていない

*3 ロケール（ISO 3166、https://www.iso.org/obp/ui/#search）と言語（ISO 639、https://www.loc.gov/standards/iso639-2/php/English_list.php）の国際標準コードを使って、どの言語で体験できるかを指定することができる。

独立したフレーズやボタン、ラベルの末尾にピリオドを追加し、修正したUXコンテンツを計算機に貼り付ける。ある指標が他の指標と大きく異なる結果になる場合もあるが、基本的には誤差は1/2学年以内に収まるだろう。

私は読みやすさを追求するために、一般向けには中学1年生以下、専門家向けには高校1年生以下のリーディングレベルに合わせるようにしている。今回の'appeeの例では、テストのリーディングレベルはいずれも小学2・3年生レベルとなっており、この限界値を大きく下回っている。よってこの評価基準では、オンボーディングメッセージは10点だと言える（**表6-4**）。

表6-4 UXコンテンツのスコアカード。'appeeのオンボーディング体験の、リーディングレベルに関するアクセシビリティの評価基準で採点された結果が載っている

ユーザビリティ	評価基準	コメント	スコア（0–10）
アクセシブル	リーディングレベルが中学1年生（一般）または高校1年生（専門）以下であること	テストは小学2・3年生レベルまで実施	10

◘ すべての要素にスクリーンリーダー向けのテキストがあること

アクセシビリティにおける最後のスコアは、ラベリングに関するものだ。画面上のすべての要素には、スクリーンリーダーが話せるようにUXテキストを用意すべきである。つまり、体験を理解するために必要なアイコンや入力フィールド、リンク、画像にはすべて、目に見えるテキストや可視化できるテキスト（例えばホバーやマウスオーバーなどの機能を利用）、聞こえるテキスト（例えばスクリーンリーダーを利用）が必要だということだ。

代替テキストは、目に見える位置であれ、聴覚的な情報であれ、それぞれが異なるアクションであると区別できるものでなければいけない。'appeeのオンボーディング体験の例では、メイン画面の各画像の隅にブックマーク機能が表示されている。しかしこの体験をテストしたところ、スクリーンリーダーは「ボタン、ブックマーク」と10回も言ってしまったのだ！（画面上にボタンがすべて表示されていないにもかかわらず、すべてのボタンを読み上げてしまった、ということ）このような場合では、ユーザーはどれを指しているのか区別ができなくなってしまう。これはバグとして、エンジニアチームに問題を提起すべきである。これにより、UXコンテンツのスコアカードにも影響が出てしまった（**表6-5**）。

この評価基準に影響を与えるものはもう1つある。それは、ユーザーが取るべき行動が明確ではないということだ。提案された行動をすることが求められているのか、

メッセージをタップして消すのか、メッセージの外側をタップして続行するのか、はっきりとしていない。これらはどれも一般的な操作だが、どの行動を取るべきかを体験が指定して伝える必要がある。

表6-5 UXコンテンツのスコアカード。'appeeのオンボーディング体験の、スクリーンリーダーに関するアクセシビリティの評価基準で採点された結果が載っている

ユーザビリティ	評価基準	コメント	スコア (0–10)
アクセシブル	すべての要素にスクリーンリーダー向けのテキストがあること	オンボーディングメッセージは読まれるが、何をすればいいかが分からない。タップすればいいのか？　ブックマークは「ボタン、ブックマーク」と10回も繰り返し読み上げられるだけだ。どれが読み上げられているのか分からないし、プレイボタン、メニューボタン、プロフィールボタンなど、現在画面外にあるすべてのボタンさえも読み上げてしまっている	2

UXコンテンツには関係のない、より広範囲にわたるアクセシビリティ要件があるが、このUXコンテンツのスコアカードには含まれていない。なぜなら、それは単にテキストを対象としているのではなく、インタラクション、ビジュアルデザイン、基本的なコードをその対象として含んでいるからだ。それらが重要でないわけではないが、本書のテーマではない。次に、UXコンテンツが体験の目的にどれだけ合致しているかを判断しよう。

6.3.2 目的に合っている

「使える」ということは、体験の各場面において組織や'appeeのユーザーたちがそれぞれのゴールを達成できるという意味も含んでいる。これらのゴールは、文章の上部にある「ゴール」というセクションに記録されているが、それだけでは十分ではない。書かれているテキストが、ユーザーと組織のゴールを達成するために役立つのかどうかを判断する必要がある。

■ ユーザーがゴール達成のためにすべきことやできることが明確であること

UXテキストを読む、もしくは聞いた時に、ユーザーがゴールを達成するために何をすべきか、何ができるのかが明確になっていなければいけない。直前のアクセシビリティの評価基準で記載した通り、このメッセージではユーザーが画面をタップすべ

きかどうか、タップするならどこをタップすればいいのかという指示が明確になっていない。ビジュアルデザインやUXテキストなどで指示を追加しなければ、ユーザーは目的を達成する方法が分からない。**表6-6**では、コメントにユーザーが混乱すると書かれており、10点中6点という残念なスコアが付けられている。

表6-6 UXコンテンツのスコアカード。'appeeのオンボーディング体験の、「目的に合っている」という評価基準のユーザーのゴールに関する採点結果が載っている

ユーザビリティ	評価基準	コメント	スコア（0–10）
目的に合っている	ゴール達成のためにすべきことやできることが明確であること	メッセージが書かれた吹き出しをタップするのか、それとも吹き出しが指しているものをタップすべきなのか、はっきりしていない。ユーザーに何かして欲しいのは分かるが、どうすれば前に進めるのかが分からない	6

◘ 組織のゴールを達成できること

'appeeのオンボーディング体験は、ユーザーのゴールを達成するよりも、ビジネスゴールを達成することに向いている。ゴールに記載されている3つの具体的な行動のうち、「保存」と「コメント」の2つについて取り上げていたが、「いいね」については取り上げていなかった。

テキストには、体験のゴールには記載されていない「購入」についても含まれている。ここで「購入」と表示されても、新規ユーザーからすると何を買うのか理解できない可能性が高い。そのため、「購入」と書くのは不適切だ。**表6-7**では、採点者のコメントとして、テキストが組織のゴールに沿っているところとそうでないところの両方が記載されている。

表6-7 UXコンテンツのスコアカード。'appeeのオンボーディング体験の、「目的に合っている」という評価基準の組織のゴールに関する採点結果が載っている

ユーザビリティ	評価基準	コメント	スコア（0–10）
目的に合っている	組織のゴールを達成できること	このアプリでは、画像をタップしてコメントしたり購入したりしようと指示しているが、何を買うのかが不明である。ブックマークを紹介することで「保存」については述べているが、「いいね」については触れていない	8

UXコンテンツでは、テキストがアクセスしやすく目的に合っていること以外にも重要なことがある。文字を入れるスペースや注意を引ける言葉も限られているため、利用可能であるためには、テキストを簡潔にする必要がある。誰もUXテキストを読むために体験を受けているわけではない、ということを忘れないでいただきたい。

6.3.3 簡潔である

UXコンテンツのスコアカードで簡潔さを測るには2つの観点がある。それは、テキストの目に見える長さと、読み手にとって関係のないアイデアが含まれているかどうかだ。

◘ ボタンに使用する単語数は3以下、テキストは幅50文字以下、長さ4行以下であること[*4]

テレビのように大きな画面でも、携帯電話のように小さな画面でも、簡潔なメッセージは目を通しやすい。私の経験や独自に行った調査においても、よくテストされたテキストは、長さが3行以下、幅が50文字以下のものだった。同様に、1語か2語のボタンは、それ以上の文字数で書かれたボタンよりも、より頻繁により速く押される傾向にある。これらの制限を満たすのは難しいが、努力する価値は十分ある。'appeeのオンボーディング体験におけるメッセージでは、この3つの基準を全て満たしており、コメントの必要もない（**表6-8**）。

◘ 体験の中で提示される情報の内容とタイミングが適切であること

情報をそのユーザーに関連するものだけに限定することは、UXを考える上で最も難しいことかもしれない。これには2つの問題がある。1つ目は、提供したいUXのアイデアが複数あったとしても、相手によって常に異なる体験をさせることはできないし、そもそも個人を特定することもできないということだ。そのため、通常はすべてのユーザーが体験するコンテンツを1つ作る必要がある。2つ目は、ユーザーの意図を把握できないことである。どちらにしても、できる限りのことをするしかないのだ。

'appeeのオンボーディング体験のスコアカードでは、「ユーザーが実際に何を求めているかは分からない。しかし同時に私たちが提供するアイデアがユーザーに合って

＊4 ［訳注］この数値は英語表記の場合に適用されるものである。

いるかどうかも分からない」とコメントしている（**表6-8**）。

表6-8 UXコンテンツのスコアカード。'appeeのオンボーディング体験の、「簡潔である」に関する2つの評価基準の採点結果が載っている

ユーザビリティ	評価基準	コメント	スコア（0–10）
簡潔である	ボタンに使用する単語数は3以下、テキストは幅50文字以下、長さ4行以下であること	✓	10
	体験の中で提示される情報の内容とタイミングが適切であること	ユーザーが実際に何を求めているかは分からない。しかし新規ユーザーであるからこそ、何ができるのかを紹介すべきだ。投票について言及することは場違いではないか。「いいね」に関する説明が抜けている	8

もし体験がゴールに完全に合致し、完全に簡潔であっても、それ以外に何もなければ、その体験はロボットのように思えてしまう危険性がある。ロボットのように感じると、それだけで体験が利用しづらくなってしまうのだ。そのため、体験の中のテキストは、会話的である必要がある。

6.3.4 会話的である

会話的だと感じる部分は“ボイス”に関係する部分が多く、そこには独自のヒューリスティックがある。会話の中でユーザビリティに関わる部分では、相手にとって馴染みのある言葉や概念を使っているかどうか、そしてその概念が意味のある順序で出てくるかどうかが最も重要だ。

◘ ユーザーにとって馴染みのある言葉、フレーズ、アイデアであること

体験を利用するユーザーにとって最も身近な言葉が使われていると、体験のユーザビリティは飛躍的に向上する。専門用語ではなく（これに関しては次の「明確である」のセクションで説明する）ユーザーが友人や家族に体験を説明する時に使う日常的な単語やフレーズ、文法が最も理解しやすい。

'appeeの例では、ソーシャルメディアやソーシャルゲームを過去に利用したことがあるユーザーであれば、たいていのオンボーディングメッセージは馴染みのあるものになるはずだ。これが'appeeを初めて使う人へ期待される背景だ。しかし、投票

という行動は変わったアイデアだ。ユーザーが気に入ったチャレンジの画像に投票するというのは一般的なアイデアではないため、'appeeの新規ユーザーにとって馴染みのないものだろう。画像をアップロードするという文脈を知らない人に対して、オンボーディングで投票の話をしてしまうと、会話に違和感が生じてしまう。そのため、'appeeはこの基準において1点減点とした（**表6-9**）。

表6-9 UXコンテンツのスコアカード。'appeeのオンボーディング体験の、「会話的である」という評価基準の親しみやすさに関する採点結果が載っている

ユーザビリティ	評価基準	コメント	スコア (0–10)
会話的である	ユーザーにとって馴染みのある言葉、フレーズ、アイデアであること	投票というアイデアはこの時点のユーザーにとっては全く馴染みがないかもしれない	9

◘ 会話の進め方が有用であり、論理的な順序であること

ユーザーにとって理解しやすい言葉を使うだけでなく、アイデアを最も分かりやすく論理的な順序で提示することも重要だ。ユーザーはアイデアを必要な順番に受け取ることで、格段に利用しやすくなる。例えば、次の2つの文章の違いを見てほしい。

- 位置情報を許可するには、設定に進み、位置情報をオンにしてください。(To allow location, go to Settings, then turn on Location.)
- 位置情報を許可するには、位置情報をオンにしてください、設定で。(To allow location, turn on Location in Settings.) *5

2つ目の文章は短いが、情報の順序が間違っている。ユーザーが探すのに必要な順序は、まず設定画面であり、次に位置情報の項目である。

'appeeのオンボーディングメッセージは、正しい順序とは言えないだろう。書かれている指示はすぐに実行すべきことでもなく、ユーザーが操作する順序に則ってもいない。UXコンテンツのスコアカードに書かれたコメントから分かるように、より高いレベルのコミットメントが必要な行動をする前に、ユーザーにとって最も簡単で最もコミットメントが少ないインタラクションから入る方が理にかなっていると言えるだろう（**表6-10**）。

---

*5 ［訳注］日本語にすると「設定で位置情報をオンにしてください」と訳すのが普通だが、今回は順序を原文通りに示すために、敢えて倒置法で訳している。

表6-10 UXコンテンツのスコアカード。'appeeのオンボーディング体験の、「会話的である」という評価基準の論理的順序に関する採点結果が載っている

ユーザビリティ	評価基準	コメント	スコア(0-10)
会話的である	会話の進め方が有用であり、論理的な順序であること	ユーザーが初めての行動で購入に至ることは極めて少ない。また、コメントを残すこともない。順番としては、「保存」>「いいね」>「コメント」ではないか？　購入はコアな行動ではないかもしれない…	4

目的に合った簡潔で会話らしいテキストを作ることでユーザビリティは向上するが、そのテキストが明確であることはそれの倍ほどに重要なことだ。明確でなければ、ユーザーが気持ちよく体験を進めることができたとしても、自身がちゃんと理解しているという確信は持てない。

6.3.5 明確である

逆説的だが、明確さはそれ自体が比喩のような表現だ。明確さとは文字通り、綺麗なガラスや遮られていない視界のように、透明なことを意味する。この比喩をUXコンテンツに当てはめると、明確であるとは、ユーザーが体験を理解するために言葉が最大限に役立っている状態を表している。ユーザーは必要な情報を獲得し、その情報が意味を持って、ゴールを達成することができるのである。一文一文のレベルでは、アクセスしやすく、目的に合っていて、簡潔で、会話的であるという評価基準で明確さが検証される。しかし全体的なレベルにおいても明確さを判断するシステムが、UXコンテンツには必要だ。

テキストの明確さに関するこれら4つの基準は、全体で見た時に明確さが保たれているかの傾向を確認することが出来る。それぞれの明確さは、サインアップ画面から退会画面まで、それぞれの画面に備わっているべきものだ。1箇所でも欠けてしまうと、体験全体が損なわれてしまう。しかしこれらの基準は全体を俯瞰する体系基準にも関わらず、体験のそれぞれの画面に対しても、多かれ少なかれ適用することができる。また、体験全体のテキストが明確になるまで、部分ごと、メッセージごとに修正することもできる。

■ 行動に対して明確に反応があること

体験を利用するユーザーが取ることができる行動は、通常、インタラクションデザ

イナーの領域だ。しかし、ほとんどの体験では、ボタン、タイトル、コントロールなどにUXテキストが利用されており、ユーザーの行動に対してどんな反応があるのかを、ユーザーが予測できるようにする必要がある。そして、ユーザーが行動を完了した時に、何が起こったのかを見たり聞いたりすることで確認できるようにする必要がある。例えば、ユーザーがチェックボックスにチェックを入れた時には、目に見えて画面が変化し、スクリーンリーダーが「チェックしました」と言うようなものだ。

重要な行動をしたユーザーには、よりしっかりとしたフィードバックを与えることが重要になりうる。例えば、オンラインショッピングで「今すぐ支払う」ボタンがある場合、ユーザーはそのボタンを押せば、お金が口座から引き落とされるということが当然のように予想ができる。そして利用後には、購入完了を何らかの形で確認したいと思うだろう。もし完了メッセージが来なければ、何かが起きたのではないかと疑問に思うに違いない。

購入フローの最後にあるボタンには「次へ」や「続ける」と書かれているのに、ボタンを押したら購入が完了したという確認画面だった場合を想像してほしい。この時点では、ユーザーは購入が完了するとは合理的に予想できないため、「次へ」というアクションは、曖昧な結果、誤解を招くような結果になってしまう。

'appeeのオンボーディングメッセージでは、ユーザーはメッセージをタップすべきか否かを判断できない。メッセージに書かれたテキストでは、ブックマークのアイコンをタップした場合に何が起こるのかは多少分かるが、画像をタップした場合は、コメントしたり購入したりしなければいけないように思えてしまう。比較的明確な「プレイ！」ボタンも、それを示すメッセージが、「賞金獲得」と「投票」の2つの行動を混同しているため、明確さに欠ける。10点満点中、オンボーディングメッセージは2点しか得られていない（**表6-11**）。

表6-11　UXコンテンツのスコアカード。'appeeのオンボーディング体験の、「明確である」という評価基準の曖昧さに関する採点結果が載っている

ユーザビリティ	評価基準	コメント	スコア（0-10）
明確である	行動に対して明確に反応があること	ユーザーが何をすべきかが明確ではないが、ブックマークに関する説明は明確であるようだ。「プレイ」の表記は、「賞金獲得」と「投票」の両方の行動を意味しうるため、あまり明確ではない。画像をタップすると、コメントしたり購入したりできそうに思える	2

使い方やポリシーに関する情報が見つけやすいこと

ソフトウェアを利用するユーザーの中には、何が起こるか分からないうちから体験を操作することに抵抗のない人もいれば、操作が正しいと確信するまで何もクリックやタップをしたくない人もいるだろう。ソフトウェアを作っている人や、体験を作る上での意思決定者のほとんどは、前者のグループに属している。つまり私たちは、いじくり回す人なのだ。

私たちのようにいじくり回す人は、やりたいことが正しくできていれば、追加のヘルプは必要ないと考えがちだ。電子機器であれ、IKEAのテーブルであれ、説明書を使わずに新しいものをセットアップできることが名誉なことだと思っている。体験自体でユーザーが何をすべきか、何ができるのかを明確にすべきで、使い方を提示しないといけない体験は破綻していると考えるからだ。

しかしGenderMag(https://gendermag.org)*6に掲載されているマーガレット・バーネットの研究によると、いじくり回す人はほとんどいないようだ。ソフトウェアを扱う可能性のあるユーザーのほとんどは、ソフトウェアを作っている人のようにいじくり回す人ではない。つまりほとんどの人が、クリックやタップなどを試してみる前に、その体験を理解したいと思っているのだ。

私たちのようにいじくる人は、自分の偏見を捨てて、こういった人々がお金を払いたくなるように体験に惹きつける必要がある。使い方やポリシーに関する情報を見つけやすくすることで、すべてのユーザーにとってユーザビリティを向上させることができるだろう。それによって、より多くのユーザーが使いこなせるようになるだけでなく、より多くのユーザーが体験を楽しめるようになる。

'appeeのオンボーディングメッセージは、それ自体が使い方に関する情報だ。また、メニューの「ヘルプ」にもお助け情報がある。コンテンツのスコアカードでは、'appeeのオンボーディングメッセージが使い方に関する情報として見つけやすいということで、10点満点中10点を獲得している(**表6-12**)。

---

*6 Mihaela Vorvoreanu他「From Gender Biases to Gender-Inclusive Design: An Empirical Investigation」2019 CHI Conference on Human Factors in Computing Systemsにおける議事録(2019年5月)、ftp://ftp.cs.orst.edu/pub/burnett/chi19-GenderMag-findToFix.pdf

表6-12 UXコンテンツのスコアカード。'appeeのオンボーディング体験の、「明確である」という評価基準のヘルプの利用可能性に関する採点結果が載っている

ユーザビリティ	評価基準	コメント	スコア（0–10）
明確である	使い方やポリシーに関する情報が見つけやすいこと	これ自体がハウツー情報である。現時点ではポリシーは必要ない	10

いじくり回す人であるか否かに関わらず、多くのユーザーがヘルプを求めるのは、エラー状態になった時だ。しかし、エラーメッセージが非常に明確で、追加のサポートが不要な場合の方が、より望ましいだろう。

■ エラーメッセージがユーザーが前に進むために役立つ、もしくは前に進めないことを明確に示していること

ユーザーが体験の終わり、区切りにさしかかった時、その体験は通常エラーメッセージを表示する。エラーメッセージは、何をすべきかを伝えるような分かりやすいものもあれば、ユーザーには理解できない、対処しようがないような根本原因を技術的に説明しているような分かりにくいものもある。

エラーのUXテキストパターンについて第4章で説明した通り、エラー状態は、読んでいる人の共感を得るための最も重要な場所の1つだ。そのユーザーは体験を利用しようとしている。娯楽のためか、仕事のためか、市民としての責任を果たすためか、あるいは雑用のためかもしれない。その目的が何であれ、エラーがユーザーの進行を妨げていることは間違いない。ユーザーに対して体験から与えられる最も親切で有用なことは、その人が前に進むことを助けることだ。前進できない場合は、その旨をエラーメッセージで明確に伝えて、その人が自分のニーズを満たすためにどうすればいいのか、別の方法を見つけられるように手助けをするのだ。

他の評価基準と同様に、'appeeのオンボーディングメッセージを表示する際にエラーが発生する可能性がある場合、UXコンテンツのスコアカードでは、それらを全体として採点する。例えば、10箇所でエラーの可能性があり、8箇所だけが基準を満たしていた場合、体験全体の評価としては8点となる。'appeeのオンボーディングメッセージには、例となるようなエラー状態がないため、この基準は「Not Applicable (N/A)」とされ、これらのポイントは合計には加算されない（**表6-13**）。

■ 同じ言葉の意味にゆらぎがなく、一定して同じ概念を表していること

明確さを測るための最後の基準は、用語だ。用語とは、語彙の中でも特定の意味を

持つものとして体験で決められて使われている言葉だ。UXコンテンツにおいて、用語は特別な扱いが必要である。同じアイデアが常に同じ用語で呼ばれ、体験の中に似たようなアクションがあっても、その用語が他のアクションで使われることがないようにしなければいけない。

'appeeでは、画像を保存するための用語を「ブックマーク」と呼んでいる。オンボーディングメッセージでは「保存」の代わりに「ブックマーク」と正しく使われており、メッセージで使われている用語はこれだけなので、'appeeのオンボーディングメッセージは用語の使い方に一貫性があるという点で高得点になっている（**表6-13**）。

表6-13 UXコンテンツのスコアカード。'appeeのオンボーディング体験の、「明確である」という評価基準の最後2つに関する採点結果が載っている

ユーザビリティ	評価基準	コメント	スコア(0–10)
明確である	エラーメッセージがユーザーが前に進むために役立つ、もしくは前に進めないことを明確に示していること	このフローではエラーになり得ない	Not Applicable (N/A)
	同じ言葉の意味にゆらぎがなく、一定して同じ概念を表していること	ブックマーク	10

ユーザビリティに関する評価は終わったが、もう1つ重要な観点がある。それは、“ボイス”だ。次からは、オンボーディングメッセージの“ボイス”について採点する。

6.3.6 “ボイス”

ユーザビリティは、UXコンテンツのスコアカードの約3分の2を占めていたが、残りの3分の1が“ボイス”に関するものである。これらはゴールにもしっかりと対応している。組織とユーザーは体験に使いやすさを求めているが、組織は“ボイス”をユーザーに認識させたいとも考えている。ユーザーは“ボイス”が認識できることで利益を得られるが、それ自体がユーザーのゴールになることはない。

“ボイス”を測定する評価基準は、組織のボイスチャート（第2章）から直接利用することができる。つまり、体験が定義しているコンセプト、語彙、冗長性、文法、句読点、大文字表記に沿っているかどうか、ということだ。

私たちは、“ボイス”の様々な側面を複数の製品原則に沿って定義した。そのため、どの製品原則がオンボーディングメッセージに適用されるかを考えて選択する必要がある。例えば、'appeeには3つの製品原則があった。「遊び心がある」「気づきを与え

る」「意外性がある」の3つだ。ここでは、ユーザーがアップロードしたり、コメントしたりする画像にのみ関連した内容であるため、「気づきを与える」という製品原則はここでは適用されない。したがって、オンボーディングメッセージのスコアカードには、「遊び心がある」と「意外性がある」に関する属性のみを「評価基準」の欄に記載する（**表6-14**）。

ユーザビリティと同様に、'appeeのオンボーディング体験に対して“ボイス”についても採点を行う。「気づきを与える」という原則が削除されて、語彙に関する具体的な指針がないため、ポイントがN/A（該当なし）となっている。コメントによると、フレーズではなく文章になっていること、単語の文頭を大文字にする必要がないこと、全体的に絵文字がもっと多く使われても良いことなどから、数ポイント減点されている。

表6-14　'appeeのオンボーディングメッセージを評価するためのUXコンテンツのスコアカードの“ボイス”に関するセクション

“ボイス”	評価基準	コメント	スコア（0–10）
コンセプト	気取って大成功を望むのではなく、ちょっとした喜びを与える 予測できない（間違った方向への誘導や困難が楽しいものになりうる）	ちょっとした喜びもなく、飾り気もない。困難はあっても、それは果たして楽しいのだろうか？	2
語彙	（特になし）		N/A
冗長性	厳密に必要な言葉よりも少なくする	簡潔ではあるが、それが良い意味で考えさせてくれているわけではない	8
文法	現在時制と過去時制 フレーズが好ましい	文章ではなくフレーズでもいい	8
句読点	ピリオドを避け、絵文字、感嘆符、感嘆修辞疑問符、疑問符を使う	悪くないが、なぜ絵文字を増やさないのか？	9
大文字表記	強調の時だけ大文字を使う	一貫していない。「Tap」が大文字である必要はあるか？*7	9

ここで最も興味深い項目は、コンセプトだ。'appeeのオンボーディングメッセージは、この項目で悲惨な評価となっている。なぜなら、メッセージには情報もちょっ

＊7　［訳注］「画像をタップしてコメントしたり、購入したりしましょう！」という文章が、英語では「Tap any image to leave comments and buy!」と記載されており、文頭が大文字になっている。

とした喜びも含まれていないからだ。ユーザーが難しく感じる部分はあるが、それは意図的にユーザーを試しているものではなく、単にユーザビリティの問題のように思われる。ユーザビリティの観点からは、もっと分かりやすいメッセージにすべきだが、コンセプトの評価基準を満たそうとすると、もっと難しいメッセージになってしまう。こういった“ボイス”とユーザビリティが相反してしまうケースは、'appeeではよく起こりうる。

こういった相反は、いたって自然だ。人間の体験の中には、互いに矛盾するデザイン基準がある。それは、その体験の“ボイス”の広がりの両端だ。体験の中の異なる部分では、“ボイス”の広がりの中でも異なる部分の“ボイス”が使われるものである。このような例は私たちの身の回りにいくらでもある。交通標識は視認性が高く、かつ邪魔にならないように配慮されている。博物館では、芸術品を収集して保存するだけでなく、展示して利用することもできる。病院の機器は、医療スタッフの注意を引きつつも、患者は気にせず寝られるようになっている。

ゲームは、ユーザビリティが意図的に阻害される特殊なケースだ。ゲームの面白さは、パズルにしても1人用のシューティングゲームにしても、固有のチャレンジ要素があることだ。そのチャレンジが言葉に反映されるとは限らないが、'appeeの言葉は挑戦的になるように構成されている。“ボイス”のスコアとユーザビリティのスコアの間のトレードオフをスコア化することで、チームはどこでどのように判断したかを記録し、調整することができる。

これで、'appeeのオンボーディングメッセージの採点が完了した。合計した獲得スコア125点を、スコアの最大値170点で割ると、合計スコアは73%となる（**表6-15**）。

表6-15 完成したUXコンテンツのスコアカードによると、'appeeのオンボーディング体験の合計スコアは73%となっている

'appeeのオンボーディングにおけるUXコンテンツのスコアカード			
ユーザーのゴール	曖昧 - 画像の保存や画像に対するリアクション、チャレンジをプレイすること、ユーザー自身のプロフィール作成、アイテムの購入などが考えられる		
組織のゴール	特に保存やコメント、「いいね」などの行動については、機械学習モデルに反映されることで広告をパーソナライズするのに役立つため、始めたばかりのユーザーにも分かるようにしておく		
ユーザビリティ			
評価基準		コメント	スコア（0–10）
アクセシブル	ユーザーが流暢に使える言語で利用可能であること	はい。en-US、zh-TW、es-MX、jp-JP、fr-FR、fr-CAにおいて利用可能である	10

アクセシブル	リーディングレベルが中学1年生（一般）または高校1年生（専門）以下であること	テストは小学2・3年生レベルまで実施	10
	すべての要素にスクリーンリーダー向けのテキストがあること	オンボーディングメッセージは読まれるが、何をすればいいかが分からない。タップすればいいのか？　ブックマークは「ボタン、ブックマーク」と10回も繰り返し読み上げられるだけだ。どれが読み上げられているのか分からないし、プレイボタン、メニューボタン、プロフィールボタンなど、現在画面外にあるすべてのボタンさえも読み上げてしまっている。	2
目的に合っている	ゴール達成のためにすべきことやできることが明確であること	メッセージが書かれた吹き出しをタップするのか、それとも吹き出しが指しているものをタップすべきなのか、はっきりしていない。ユーザーに何かして欲しいのは分かるが、どうすれば前に進めるのかが分からない。	6
	組織のゴールを達成できること	このアプリでは、画像をタップしてコメントしたり購入したりしようと指示しているが、何を買うのかが不明である。ブックマークを紹介することで「保存」については述べているが、「いいね」については触れていない	8
簡潔である	ボタンに使用する単語数は3以下、テキストは幅50文字以下、長さ4行以下であること	✓	10
	体験の中で提示される情報の内容とタイミングが適切であること	ユーザーが実際に何を求めているかは分からない。しかし新規ユーザーであるからこそ、何ができるのかを紹介すべきだ。投票について言及することは場違いではないか。「いいね」に関する説明が抜けている。	8
会話的である	ユーザーにとって馴染みのある言葉、フレーズ、アイデアであること	投票というアイデアはこの時点のユーザーにとっては全く馴染みがないかもしれない	9

会話的である	会話の進め方が有用であり、論理的な順序であること	ユーザーが初めての行動で購入に至ることは極めて少ない。また、コメントを残すこともない。順番としては、「保存」＞「いいね」＞「コメント」ではないか？　購入はコアな行動ではないかもしれない…	4
明確である	行動に対して明確に反応があること	ユーザーが何をすべきかが明確ではないが、ブックマークに関する説明は明確であるようだ。「プレイ」の表記は、「賞金獲得」と「投票」の両方の行動を意味しうるため、あまり明確ではない。画像をタップすると、コメントしたり購入したりできそうに思える	2
	使い方やポリシーに関する情報が見つけやすいこと	これ自体がハウツー情報である。現時点ではポリシーは必要ない	10
	エラーメッセージがユーザーが前に進むために役立つ、もしくは前に進めないことを明確に示していること	このフローではエラーになり得ない	Not Applicable (N/A)
	同じ言葉の意味にゆらぎがなく、一定して同じ概念を表していること	ブックマーク	10
“ボイス”			
評価基準		コメント	スコア（0–10）
コンセプト	気取って大成功を望むのではなく、ちょっとした喜びを与える 予測できない（間違った方向への誘導や困難が楽しいものになりうる）	ちょっとした喜びもなく、飾り気もない。困難はあっても、それは果たして楽しいのだろうか？	2
語彙	（特になし）		N/A
冗長性	厳密に必要な言葉よりも少なくする	簡潔ではあるが、それが良い意味で考えさせてくれているわけではない	8
文法	現在時制と過去時制 フレーズが好ましい	文章ではなくフレーズでもいい	8
句読点	ピリオドを避け、絵文字、感嘆符、感嘆修辞疑問符、疑問符を使う	悪くないが、なぜ絵文字を増やさないのか？	9
大文字表記	強調の時だけ大文字を使う	一貫していない。「Tap」が大文字である必要はあるか？	9
合計スコア			125
最大スコア			170
スコア			73%

これを見ると、73%というのは良いスコアなのか？　と疑問に思うかもしれない。スコアカードはUXコンテンツが組織や体験を利用するユーザーのゴールをどれだけ満たしているかを代理で測定するものだ。スコアカードを使うことで、UXコンテンツがどれほど使いやすく、体験で定義された“ボイス”にどれほど近いかに価値を置くことで、テキストの品質を向上させる余地がどれほどあるかを事前に判断することができる。

しかし数値的なスコアよりも重要なのは、UXコンテンツを改善するためのステップを特定するために分析を行ったことである。私たちの仮説は、これらのステップを踏むことでUXコンテンツの品質を向上させることができるということだ。それはつまり、組織やユーザーのゴール達成に貢献する体験の能力を向上させることができるということである。

ここでは、各基準で満たすべき最低限の内容を紹介する。

アクセシブル

すべての要素にスクリーンリーダーが話すためのテキストがある。

会話的である

利用方法が、適切なステップで論理的に正しい順序で提示されている。

明確である

行動に対して明確に結果を返す。

コンセプト

気取って大成功を望むのではなく、ちょっとした喜びを与える。間違った方向への誘導や困難が楽しいものになりうるため、予測できないようにする。

これらの情報をチームが把握できていれば、体験を改善するために必要な作業とその優先順位を決めることができる。チャレンジをプレイしたり、アイテムを購入したり、コメントを残したりといった体験の各部分を採点することで、より高いスコアにするために最も投資が必要な部分を見極めることができるのだ。

チームは時間をかけてテキストを改善し、再度スコアリングを行う。そしてエンゲージメントやリテンション、コスト削減、その他直接的な指標がどれほど改善されたか、テキストのスコアの差分を比較することで、チームはこの改善でビジネス成果にどれだけ近づくことができるかを確認することができる。

6.4 まとめ：好きを定量的に評価しよう

人間はフィードバックがないと改善できない。変更することはできるが、注意しなければ、その変更が良いものか悪いものかを判断することができない。この章では、注意を払うための方法について説明した。

UXコンテンツを改善していくと、エンゲージメントや完了、リテンション、リファラル、オンボーディングまでのスピードなどが改善されるはずだ。これらで改善できたものは小さなものかもしれないが、その1つ1つには価値があり、積み重ねることで大きな価値を生み出すことができる。

ユーザーにインタビューしたり不満や疑問を分析するといったリサーチを行うことによって、なぜUXコンテンツが効果的なのかについて理解を深めることができる。ユーザーは自分の感情や嗜好、好き嫌い、そして、彼らにとって体験がどのように機能しているかを教えてくれるだろう。しかし、チームメンバーと同様に、体験を利用するユーザーたちも、なぜそのような行動をしたのか、なぜそれが好きなのか、といった内容を間違えて語ってしまうことがある。

だからこそ、チームがA/Bテストやリサーチを行える場合でも、ヒューリスティックな尺度に価値があるのだ。ユーザビリティのヒューリスティックは、なぜ特定の行動を取るのかという個々のユーザーの考えに依らないUXコンテンツについて一般的に正しいとされてきた一連のガイドラインだ。"ボイス"のヒューリスティックは、組織が自分たちにとって、体験にとって、そして体験を利用するユーザーにとって正しいと信じていることに関する一連のガイドラインだ。これらのヒューリスティックを合わせると、UXコンテンツが良いものになるかどうかの根拠とその方法を示す仮説を得ることができる。ヒューリスティックを体験に適用すると、スコアカードは言葉を修正するための道筋を示してくれ、また、それを修正すべきではない時を教えてくれる。

7章 UXライティング業界のツール

自分のツールを持つべきだ。そうしなければ、期待外れの結果が出てがっかりしてしまうだろう。

— STEPHEN KING、小説家

良いUXライターになれる魔法のようなツールは存在しない。実際のところ、ほとんどのUXライターは利用可能なツールを広く使っており、中には無料のものも存在する。この章では、私がUXライティングの主なタスクを成功させるために利用しているツールを紹介する。

- 書き起こし
- レビュー
- 公開
- タスクのトラッキング

7.1 文脈に合わせて書く

文章を書くというと、本や記事、エッセイ、学生論文、ブログなど、人々に読んでもらうための文章を書くことを思い浮かべる人が多いだろう。私はこの本を文章として執筆するために、セクションやサブセクションで構成された段落で文章をグループにまとめた。そして、一般的な文書作成ソフトを2つ利用して、今あなたが読んでいるのとほぼ同じフォーマットでこの本を書いたのだ。

一方UXライティングは、言葉や文、段落などが並んでいるものではなく、それぞれが独立している。むしろ、UXライティングは、体験とそれを利用するユーザーとの間の会話として存在する。体験は言葉とビジュアルでユーザーに語りかけ、ユーザーは画面上の要素とインタラクションすることで反応することができる。

UXライティングで適切な言葉を選ぶためには、タイトル、セクション、段落だけでなく、ボタン、コントロール、ポップアップ、ダイアログ、テキスト入力フィールドなども考慮する必要がある。私たちが書く言葉は、見ることも、聞くことも、両方可能だ。この文章に出会ったユーザーは、画面の上から下に順に読み進めるとは限らず、上から下へ、タイトルからボタンへと目を素早く動かして、書かれている言葉をほとんど読み飛ばしてしまうかもしれない。

一体なぜ、本を執筆する時と同じツールで体験を書けると思えるのだろうか。もしUXテキストを、規定フォーマット、ましてや表や表計算ソフトなどで書くことになったとしたら、文脈に合わせたデザインができないだろう。

UXテキストを書くためには、良いものにできるようにしっかり手を掛ける必要がある。テキストを書いたら、それが画面に表示された状態で評価しなければいけないし、そして様々なバリエーションで試して、手戻りを削減する必要がある。

7.1.1　スクリーンショットの上でテキストを書き起こす

UXライターは、デザインファイルが用意されていない状態で言葉を考えなければいけない時がよくある。画面が共通のフレームワークで作られていて、開発者にとってピクセル単位で正確な図が不要だった時などだ。あるいは、ずいぶん前に作られたものだったり、別のチームが作ったものだったりするケースもある。様々な理由で編集できるようなデザインがないのだ。そんな時に頼りになるのは、バグやメール、Slackにおける会話に添付されたスクリーンショットだけだ。例えば**図7-1**は、プレイヤーには理解できないエラーメッセージが表示された'appeeのスクリーンショットだ。

図7-1 'appeeで見られるこのスクリーンショットのようなエラーメッセージは、悪いケースとしてよくある。つまり、エラーがエンジニア視点で書かれており、ユーザーが理解できるように設計されていないことが多いということだ

残念ながら、スクリーンショットでキャプチャされた言葉は編集できない。ピクセルとして存在しているため、入力、削除、編集ができるテキストではないのだ。

編集可能なバージョンを作るには、まず画像をSketchやFigma、Microsoft PowerPoint、Google Slides、Paintなどのソフトウェアに取り込む。これらのどのソフトにも2つのツールが用意されているので、どれでも使うことができる。それはテキストボックスと長方形だ。

私のゴールは、新しいテキストで完璧なピクセルを作ることではない。新しいテキストの選択肢を評価するために邪魔にならない程度にピクセルが綺麗に見えれば良い。鉛筆と紙を使ってほぼ同じものを描くことはできるが（実際、必要であれば行うとも！）、電子データの方が、何度も書き直したり、共有したり、他の人を説得するのに便利である。

私はいつも、変更したいテキストの上にテキストボックスを作り、編集可能なバージョンを作成している。二度手間に思えるかもしれないが、まずは既存のテキストと同じ文字を入力する。そして、フォントやサイズ、スタイルなどを既存のものと同じになるまで調整していく。時には同じフォントがインストールされていない場合もあるが、その場合は近しいものを選ぶ。繰り返しになるが、私のゴールは完璧を目指すことではなく、評価できる程度に近づけることだ。

このテキストボックスは、3層のレイヤーで構成された画像のトップレイヤーに位置する。スクリーンショット自体がベースレイヤーとなっている。ここで私は、既に書かれたテキストを覆うためにミドルレイヤーを作り、元のUXテキストと同じサイズの長方形を描いて、テキストの背景と同じ色にする。するとレイヤーは3つになる。トップのテキストと、古いテキストを覆う平面の長方形、そして下にある元の画像だ（**図7-2**）。

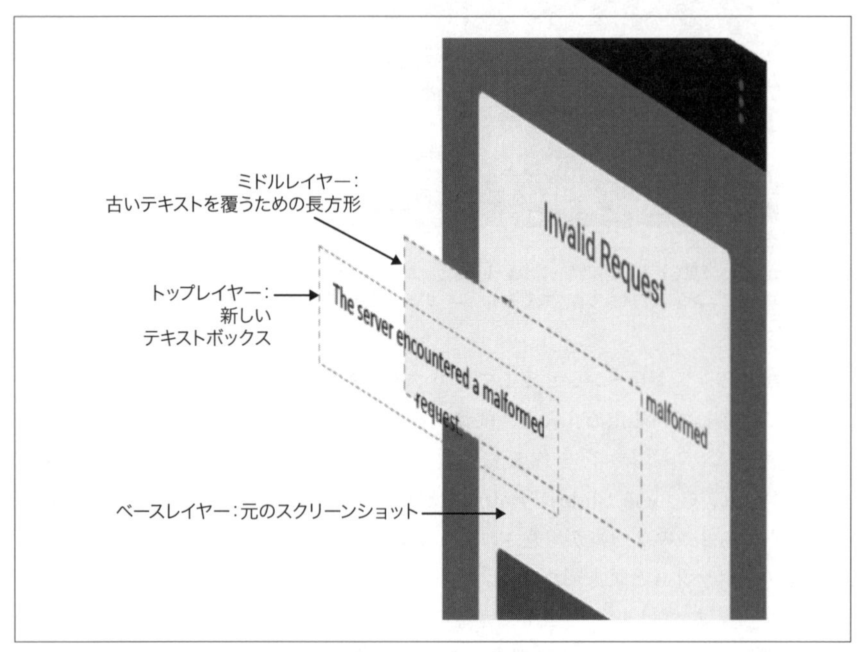

図7-2　スクリーンショットの上に置かれたテキストボックスと長方形を横から見てみると、3層のレイヤーが1つずつ重なっていることがわかる。編集可能なテキストボックスには元のテキストを入れており、これをスタート地点として編集を始める

テキストを書き起こすには、グループ全体をコピーして、テキストを編集する（**図7-3**）。そしてもう1枚コピーを取り、再度編集する。基本的には、良いアイデアがいくらか出てくるまで、編集とコピーを繰り返すことになる。

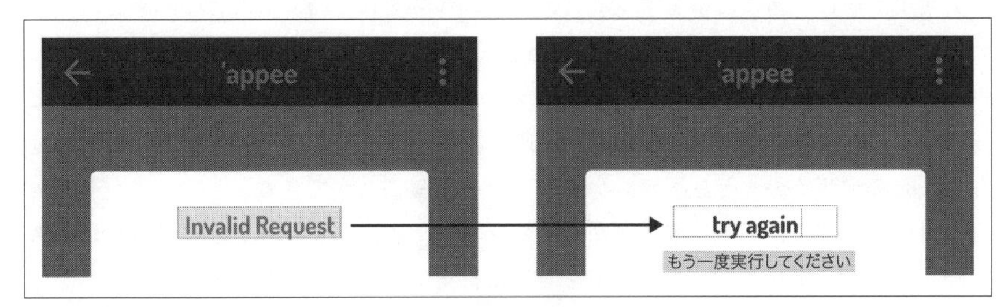

図7-3　編集を始める場合は、スクリーンショットの上に乗せたテキストボックスで新しい言葉を試す

良さそうなアイデアがいくつか出てくるまで、新しいアイデアを繰り返し考えていく（**図7-4**）。編集プロセスの詳細については第5章を参照してほしい。

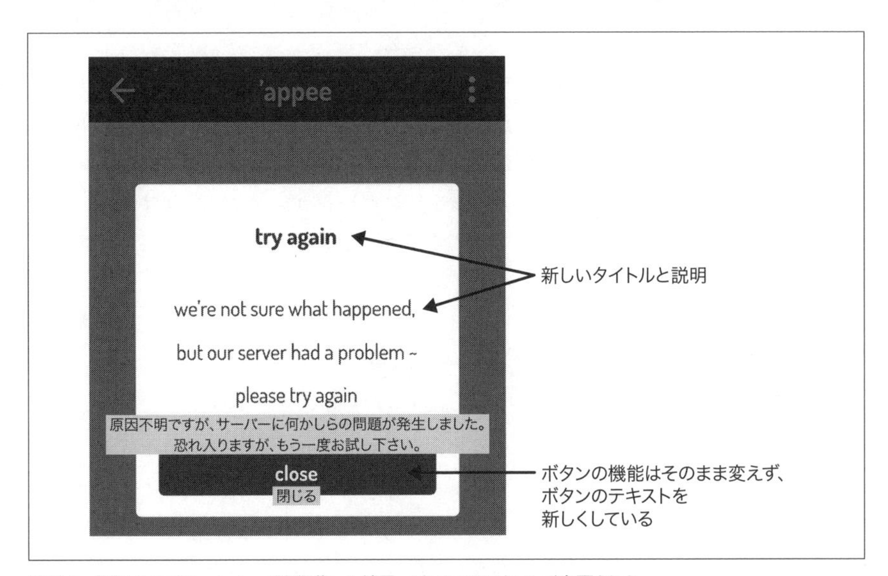

図7-4　図7-1のエラーメッセージを編集した結果、すべてのテキストが変更された

私はその中からベストなアイデアを選び、コンテンツレビューのドキュメントでチームと共有する（次の「7.2　コンテンツのレビュー管理」で説明する）。UXテキストをデザインの文脈の中でレビューすることで、チームは新しい言葉がどのような影

響をもたらすかを理解できる。

7.1.2 デザインの中でテキストを書き起こす

デザイナーと一緒に仕事をする場合、新しい体験を作る時でも既存の体験をアップデートする時でも、デザイナーは通常、Sketch、Figma、PhotoshopなどのUXツールやグラフィックデザインツールの作業ファイルを持っている。同じツールを使って作業することで、UXテキストをより迅速に繰り返し試すことができ、他の方法よりも効果的にデザイナーとコミュニケーションをとることができる。

理想を言えば、デザイン中に何がデザインされているかを知ることができればベストだ。しかし、デザインの共同作業を簡単に行えるツールはほとんどない。肝心なのはツールではなく、デザイナーとライターがコラボレーションすることにコミットできるかどうかだ。デザイナーやUXライターの中には、エンジニアがペアプログラミングするのと同様に、ペアデザインができる人もいる。しかし同時に作業ができない場合でも、デザインやUXテキストをデザイナーとライターの両方が修正し、テキストとデザインを交互に修正していくことができる。

デザインツールを使うことは、テキストボックスや長方形を使ってスクリーンショットを編集することと似ている点が多い。テキストが独立しているか、グループやシンボル、コンポーネントの一部になっているかは関係ない。テキストボックスにアクセスできて、テキストを編集し、画面を複数バージョン保存できればいい。最終的には、ベストなアイデアを準備して、デザイナーやチームの他のメンバーと共有することとなる。

7.2 コンテンツのレビュー管理

UXコンテンツを書き起こした後は、一般的には幅広いチームメイトにレビューしてもらうことが必要だ。これには、エンジニア、UXリサーチャー、デザイナー、プロダクトマネージャー、弁護士、マーケッターなどが含まれる。

この大きなプロセスは、UXライターがコンテンツに対する責任を持っているため、幅広いチームメンバーと共創するものではない。しかし、各チームメンバーからのフィードバックやアイデア、懸念事項には対処すべきである。ユーザーにとってベストな体験を、そして組織にとってベストな結果をもたらそうと、チーム全体が目指していると信じることが大切なのだ。

レビュードキュメントの目的は、密接に共同デザインしている小規模なチームと、大規模なレビュアーグループの間を橋渡しすることだ。レビュードキュメントを使うことで、チームメンバーが提案やコメントをするだけではなく、それらについて1箇所で非同期的に議論することもできる。最終的には、コードにコピー&ペースト（手打ちしなくても）できるテキストで、誰もが納得するUXテキストとデザインができあがるはずだ。

チーム全体（法務、エンジニア、マーケター、デザイナーなど）にとって最も簡単で安価なツールは、Microsoft WordやGoogle Docsで作成されたファイルのようなテキスト文書だ。私はコラボレーションするためのツールがもっと広く利用され、受け入れられるようになって欲しいと期待している。しかしそれまでは、非同期のコメントをレビューチーム全体で共有できるように、ドキュメントをオンラインで保存・共有するような、比較的手動で取り組む方法を共有しようと思う。

レビュードキュメントには、提案されたテキストをその場で確認できるように、画面の画像を掲載している。そしてその横には、画面に表示するテキストを編集・コメント可能な形で掲載しているのだ。このドキュメントには、現在検討中の別のアイデアやバリエーションを含める余地もある。

例えば**図7-5**は、'appeeの4月のチャレンジに関するコンテンツのレビュードキュメントだ。ここでは、ドキュメントを読む上で文脈を理解するための説明書きが一番上にあり、チャレンジの必要数とその月の全体的なテーマが記載されている。その次には、デザインドキュメントから画像とテキストがコピー&ペーストされている。

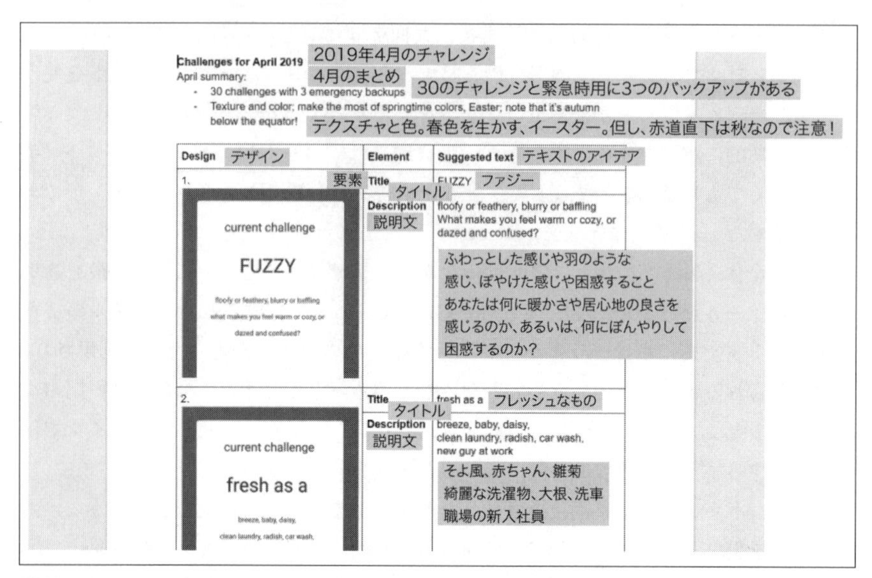

Challenges for April 2019 2019年4月のチャレンジ

April summary: 4月のまとめ

- 30 challenges with 3 emergency backups 30のチャレンジと緊急時用に3つのバックアップがある
- Texture and color; make the most of springtime colors, Easter; note that it's autumn below the equator! テクスチャと色。春色を生かす、イースター。但し、赤道直下は秋なので注意！

Design デザイン	Element 要素	Suggested text テキストのアイデア
1. current challenge FUZZY floofy or feathery, blurry or baffling what makes you feel warm or cozy, or dazed and confused?	Title タイトル	FUZZY ファジー
	Description 説明文	floofy or feathery, blurry or baffling What makes you feel warm or cozy, or dazed and confused? ふわっとした感じや羽のような感じ、ぼやけた感じや困惑すること あなたは何に暖かさや居心地の良さを感じるのか、あるいは、何にぼんやりして困惑するのか？
2. current challenge fresh as a breeze, baby, daisy, clean laundry, radish, car wash,	Title タイトル	fresh as a フレッシュなもの
	Description 説明文	breeze, baby, daisy, clean laundry, radish, car wash, new guy at work そよ風、赤ちゃん、雛菊 綺麗な洗濯物、大根、洗車 職場の新入社員

図7-5 'appeeのチーム用コンテンツレビュードキュメント。4月のチャレンジが記載されている

ドキュメントの準備ができたら、レビュー担当者全員に送る。電子メールやグループで利用できるメッセージングシステムを使って、リンクとレビューまでのスケジュールを伝えるのが一般的だ。私の場合はメールでレビュアーに知らせている。

> 件名：4月のチャレンジについて3月25日正午までにレビューしてください。4月のチャレンジのレビュー準備は完了しています！
> テストを開始するには3月26日までにコーディングを終える必要があります。**3月25日の正午**までに連絡がない場合は、承認とみなして作業を進めます。
> このドキュメントにコメントしてください：(リンク)

レビュアーのコメントや提案は、ドキュメントを見ればチーム全員が確認できるようになっている（**図7-6**）。

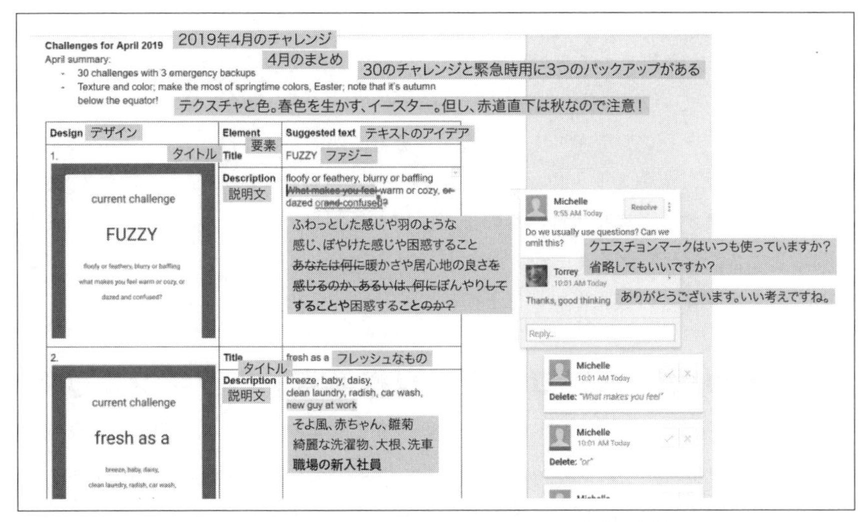

図7-6　4月のチャレンジのレビュードキュメント。Michelleは既にコメントや提案を記載している

レビューがすべて完了したら、状況に合わせてデザイナーや開発者と作業するか、またはコンテンツマネジメントシステムを利用してテキストの最終版を公開することになる。

7.3 テキストの公開

体験にテキストを最終的に組み込むためには、UXテキストをコードの一部として入力する必要がある。通常、最終デザインとテキストレビューのドキュメントがリンクされた状態で、コード化する作業項目がエンジニアに割り当てられる。するとエンジニアは、各テキストを入力し、テキスト毎に目的や文脈、特別なアクセシビリティやローカライゼーションに関する指示などのコメントを入れることになる。またコーダーは必要に応じてエラーメッセージを追加していくが、ライターやデザイナー、プロダクトオーナーの知らないうちに追加されることもある。

エラーメッセージも含めてコードがレビューできる状態になると、ここがまさに、ビルドに入る前に誤字をチェックでき、デザインされたテキストが正しく入力されているかを確認できる、私たちUXライターにとってのベストチャンスだ。もし新しいエラーメッセージがあればそれを確認し、必要があれば別のテキストを提案することになる。また、エンジニアのコードコメントにコンテンツの目的が反映されているかどうかもチェックする。

UXライターがUXテキストの更新情報を自分で公開できるように特別なインターフェースを作っている組織もある。'appeeのチャレンジの場合、新しいコードをリリースせずにチャレンジテキストを更新できる方法があることはチームにとって有意義である。私は、テキスト入力フィールドのような単純なものから、カスタムXMLをコーディングするような複雑なものまで、様々なコンテンツ公開インターフェースを利用してきた。UXライターがテキストやコメント、メモを入力する場合は、誰か他の人にタイプミスの確認やコメントの検証を依頼するのがベストだ。

7.4 取り組むべきコンテンツ作業をトラッキングする

UXライターのように、ソフトウェア開発のライフサイクル全体に関わって仕事をする人は、どのチームにもほとんどいない。そして、取り組むべきことを意識したり、記録したり、優先順位をつけたりするための確立された方法はない。

やるべきことがたくさんあり、それらが組織全体に分散していると、どれだけの仕事が完了できているのか、組織のリーダーが把握するのは難しいものだ。最も簡単な方法は、最初から仕事の進捗をトラッキングすることだ。

私は好んで、Azure DevOpsやJira、Trello、組織の内部ツールのように、ワークアイテムやバグ、チケットをトラッキングできるシステムを利用している。必要なデータを保持できるツールであれば問題ない。エンジニアリングチーム、デザインチーム、サポートチーム、UXコンテンツチームが同じシステムを使っていれば、タスクを受け渡ししながら作業を進められるため最も便利だ。しかし、各チームが利用しているシステムに一貫性がないのであれば、UXコンテンツに特化したものを使っても問題ない。

ワークアイテムに必要な最も基本的な情報は以下の通り。

- タスクの定義
- 優先度
- 現在のステータス
- ファイルまたはファイルへのリンク
- チケットの作成日
- チケットの最終更新日

最も単純な例をあげよう。私が'appeeで働いていて、チャレンジをプレイしている人向けに新しいUXコンテンツを、例えばダイレクトメッセージ機能を追加予定だと知ったとする。すると私は、その機能を作るのに必要なUXコンテンツ作業をトラッキングするためにワークアイテムを開く。

プロダクトオーナーがキックオフミーティングを行う際、私は新しいドキュメントにメモを取り、そのドキュメントへのリンクをワークアイテムに追加する。また併せて、プロダクトオーナーのドキュメントへのリンクも追加している。そしてミーティングが終わると、ホワイトボードの写真も同じワークアイテムに追加する。

また、既存のUXフローの書き換えなど、UXコンテンツのプロジェクトとして開始した作業をトラッキングするために、ワークアイテムを作成する。必要な作業があれば、数秒でその作業に関するチケットを作れるので、忘れずにトラッキングできる。

承認を行う法務のメンバーや、テキストをコーディングするエンジニアなど、行動を起こす必要があるチームメンバーに、それぞれのワークアイテムを割り当てることができる。私に割り当てられれば、自分にタスクがあることが分かるし、別のメンバーに割り当てられれば、そのメンバーの出番だと分かる。

このように整理されていれば、UXコンテンツに関する最優先の作業に自信を持って取り組むことができる。トラッキングシステムでは、ステータス、優先度、担当者、作成日などの条件でワークアイテムを分類することができる。そして、ワークアイテムに添付されたリンクやコンテンツを利用して作業を整理することで、次に必要な作業を思い出すことができるのだ。

作業をトラッキングしておくことで、「どれほど作業があるのか？」と聞かれた場合でも、期待通りに答えることができる。ビジネスの意思決定者や部門のリーダー、製品のリーダーから、UXコンテンツが最も必要な場所を聞かれた場合でも、ワークアイテムを分類することで、ワークアイテムの数と優先度で答えることができる。

同様に、ワークアイテムをトラッキングすることで、コンテンツチームの貢献度や、チームが生み出す効果について語ることができる。プロジェクトやレビュー期間の終わりには、チームや優先度ごとに成果をまとめ、その効果をアピールすることもできるのである。

7.5 まとめ：ツールは目的のための手段に過ぎない

UXライターが優れたUXコンテンツを作成するためには、様々なツールがある。

しかし、これらのツールを使いこなすことがUXライターの仕事ではない。SketchやGoogle Docs、Excelをエキスパートレベルに使いこなしても、ライターとしての腕は上がらないのだ。

そうではなくUXライターは、人が体験の中で言葉を使って行うそれぞれのインタラクションに共感と分析をもたらすために、自分が持つツールを使うことを厭わない。私たちは、体験の可能性を引き出すために、言語のスキルを使ってテキストを書き起こし、編集し、繰り返しアイデアを試す必要がある。組織とユーザーのゴールを達成するために、レビュープロセスを通じてステークホルダーをサポートしなければならない。

8章 30/60/90日計画

失敗を計画する人はいない。計画に失敗するだけだ。
— 出所不明、多くの人に語られている

本章では、私が3つの会社（Microsoft、OfferUp、Google）の3つの規模（350人、150人、50人）のチームで最初の30日、60日、90日で利用したプランを抽出して説明する。私は、インタビューから得た機会領域[*1]と直面する可能性のある問題に対するアイデアを、毎回考えた上でチームに参加していた。そして私に依頼してきたチームはすべて、以下の2点の問題に気づいたチームだった。

1. 言葉に関して問題を抱えている
2. それを解決する方法を知らない

実際の日数はルールで決められたものではなく推定値だが、私にとっては極めてちょうどいい日数だった。最も有効なのは、30/60/90の日数で3つのフェーズに分けて、徹底的に、しかし迅速に、そして絶対に完璧ではない形で、立ち上げることである。その目的は、言葉を修正することだ。この方法は、コラボレーションと改善を重ねる基盤を作るのに役立ち、体験全体を通してより良いものにすることができる。

8.1 最初の30日間、フェーズ1：何を・誰が

最初の30日間は体験とそれを利用するユーザー、体験を作るチームについて学ぶことだ。あなたはそれぞれにとって何が重要なのかを知る必要がある。そして同時に、

＊1 ［訳注］機会領域とは、例えばユーザーが最も困っている部分など、取り組むとユーザーに大きい影響を与えられるような価値のある領域のことを指す。

チームに対しては、自分たちが時間やエネルギー、お金をコンテンツに費やせば、それが報われるという自信をつけさせる必要がある。

あなたの最初の仕事は、組織について可能な限り幅広い視点で見られるようにするために、キーとなるチームメイトを2、3人見つけることだ。その2、3人のチームメイトは、組織について幅広い知識を持っていて、組織がなぜ「言葉を修正する」ことになったのかという事情を知っている必要がある。そして、彼らが互いに異なる視点を持っていればベストだ。

このキーとなるチームメイトには、1対1の対面式ミーティングで、「このチームには誰がいるのか？　つまり、私たちが手がける体験の中でユーザーが出会うコンテンツに影響を与えるのは誰か？」と尋ねた方がいい。マーケティング、デザイナー、エンジニア、プロダクトオーナー、プログラムマネージャー、サポートエージェント、フォーラムモデレーター、トレーナー、弁護士、ビジネスアナリスト、役員などの名前を書き出した上で、ミーティングで組織図を描き、キーとなるチームメイトに修正を依頼するのだ。

そして、そこで知った5～20人の人たちに、それぞれ30分程度のミーティングを依頼しよう。このミーティングには2つの目的がある。1つ目は、組織、製品、ゴール、顧客に関する情報を集めること。2つ目は、一緒に働きたいという考えを伝えることだ。これも同じくらい重要だ。本書を書いている時点では、ソフトウェア開発者の大半がUXライターと仕事をしたことがない人ばかりで、ビジネスゴールを達成するためのUXライター（UXコンテンツストラテジスト）と仕事をしたことがある人は更に少ないだろう。1対1で会うことで、あなたのようなUXライターと仕事をするということがどのようなものかを知ってもらう機会を得ることができる。

ミーティングへの招待メールには、このように書くといい。「こんにちは、私は製品Xの新しいコンテンツ担当者です。製品やチームにとって重要な人物としてあなたの名前を伺いましたので、ミーティングでもっと学ばせていただけますと幸いです」。次に、相手の都合が良さそうな時間帯を選び、学習したことを集約できるように、ミーティングとミーティングの間に十分な時間を確保する。

ミーティングの準備には、スライドやテキスト文書などで、ほとんど空のファイルを作っておく（**図8-1**）。中身は、見出しで構造化し、その時点で知っている情報を記入していくだけだ。プレゼンに磨きをかけることよりも、情報を得ることに時間を費やすために、ドキュメントはラフで飾り気のないものにしておいた方がいい。また共有できるように、リンクやファイルを相手に公開しておくといいだろう。

ミーティングの前には、知っているつもりの情報を、最も簡潔でスキャンしやすい形で追加しておく。まだ何も知らない場合は、そのスライドやセクションは空のままでいい。そうすることで、以下の3点を伝えることができる。

1. 自分が知りたいこと
2. 自分がまだ知らないことを知っていること
3. それらを共有することが自分にとって価値があること

このようにすることで、ミーティングでメモを取る準備だけでなく、得られた情報を整理したり、背景を説明するための準備ができるのだ。

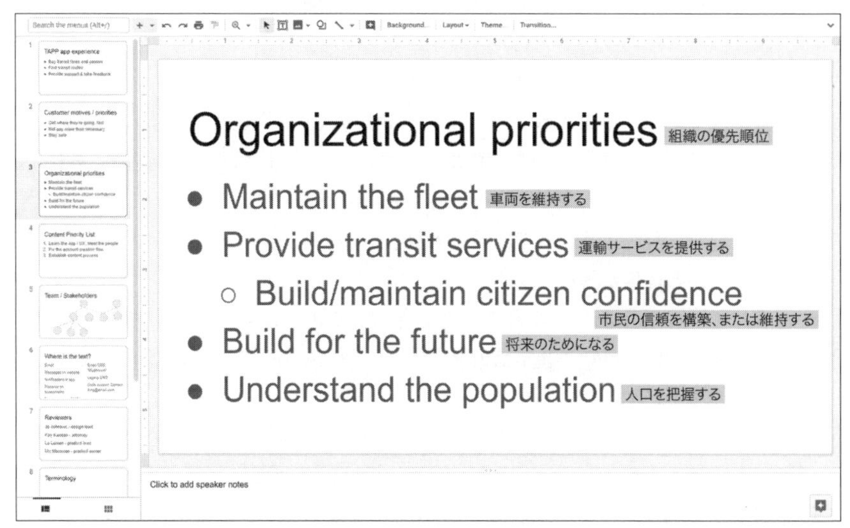

図8-1　私のコンテンツ戦略ノートには、体験、顧客や組織の優先事項、コンテンツの初期の優先事項やタスク、チームやステークホルダーの組織図、そしてチャネルやプラットドーム、用語、レビュアーなどの情報を追記する場所など、様々なセクションを設けている

最初のドキュメントは、以下のセクションで構成されている。

1. 体験の定義
2. 顧客の動機
3. 組織の優先事項

4. コンテンツ戦略の優先事項
5. チーム／ステークホルダー
6. 既存のコンテンツリスト
7. レビュアー
8. 用語

ミーティング中に大事なことは、相手と仕事上の関係を築き始めることだ。関係を築くため、そして情報をより多く得るためには、体験や顧客、ビジネス、優先事項などについて話し合うといい。もし他の話題が出てきたら、傾聴してメモを取った上で次に進もう。

ここでは、私が相手に尋ねる時の質問例をいくつか紹介する。

- 体験の中で最も重要な部分は何ですか？
- 顧客は誰ですか？　顧客とはインストールする人ですか、利用する人ですか、体験の中で何かしら購買行動を行った人ですか？　仕事で利用する体験であれば、顧客とはそれを買う人ですか、それとも利用する人ですか？
- その人たちは現在どうやって問題を解決していますか？　その体験と私たちが提供する体験とは何が異なりますか？
- 顧客にとって重要なことは何ですか？　何がその人たちを動かしているのですか？　彼らの優先事項や願望は何ですか？　彼らの好きなもの、嫌いなものは分かっていますか？
- 体験を作る人、サポートする人の中で、素晴らしい体験を作るために誰が味方になってくれますか？　その人たちの動機や希望、願望は何ですか？
- 組織や業界の中で、私たちにとって不利な働きをしているものはないですか？　逆に私たちにとって有利に働くものはありますか？
- 私が取り組めるもので最も重要なタスクは何ですか？
- 直さないといけない言葉はどこですか？　体験の中で言葉が最も助けになっている箇所はどこですか？

聞きながら、学びながら、できる限りドキュメントを見せつつ、同時にメモを取ろう。そうすれば、相手の優先事項を自分の優先事項リストに加えていることや、相手から得た情報を知っていることに加えている様子を、リアルタイムで相手に見せることができる。もし相手の発言がすでに表現されている場合は、内容を確認して修正してもらおう。

ミーティングの合間に、学んだことを集約しよう。メモは取っていくうちに乱雑になっていくのだ！　私はドキュメントに直接メモを入れたり、コメントで入れたりする。時には、ホワイトボードや紙を使うが、その場合は、それらを写真に撮っておき、後で集約する。

このようなミーティングから得られるものの中で最も価値がある知識は、既存コンテンツのリストだ。私の経験では、コンテンツの専門家がいないチームの場合、すべてのコンテンツについて本当に知っている人が誰もいない。つまり、体験を利用するユーザーが出会う可能性のあるすべてのコンテンツについて、首尾一貫して見ることができる人間が1人もいないということだ。

そのため、誰かがフォルダやリポジトリ、コンテンツ管理システム、その他のUXコンテンツのソース（UXテキスト、ヘルプコンテンツ、ソーシャルメディアのエンゲージメント、メール、通知、ウェブサイト、定型文の回答など）について言及した場合、私はそれをノートに追加している。ユーザーの体験に影響を与えるコンテンツは、すべてコンテンツストーリーの一部なのだ。たとえそのコンテンツに対する作業が発生しないとしても、UXライターはそのコンテンツについて意識しておくべきである。

同様に、特別な意味を持つ言葉が使われているのが耳に入ると、私はそれをすかさずキャッチし、初期の用語リストとしてノートに追加する。用語リストを作成しながら、用語の定義を検討する。そのような用語が出てきたら、チームメイトに私の理解が合っているか確認し、必要があれば修正してもらっている。共有可能なツールを使って自分の理解を深めることで、チームが使う用語の共通理解にも繋がっている。

体験についての理解が深まってきたら、その体験のライフサイクルを描いてみよう。**図1-9**のサイクルから始めて、このチームで作っている体験に合わせて調整していく。調査、検証をした上で、体験するための契約を行い、設定を経て利用し、好きになるというサイクルを回すユーザーのジャーニーを可視化するのだ。そして、セクションの長さを調整して、体験と組織、そして体験を購入・利用するユーザーの現時点での現実を反映させる（**図8-2**）。

体験が描けたら、それをノートに追加する。ミーティングを続けながら、この図を使って、体験が機能していない箇所をチームメンバーに尋ねてみよう。また、あなたが何をするためにそこにいるのかを説明するためにも使える。あなたは、組織と体験を利用するユーザーにとって、サイクルを回すために役立つコンテンツを作る人なのである。

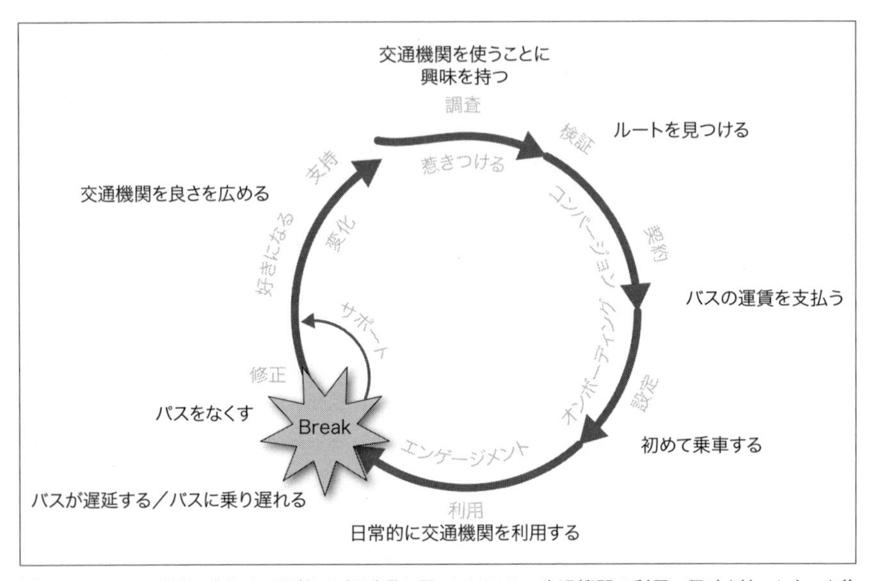

図8-2 TAPPの体験に合わせて調整した好循環の図。TAPPは、交通機関の利用に興味を持った人々を惹きつけ、その人に合った適切なルートと運賃を提示することでコンバージョンを得て、バスの運賃やパスを販売することで定着させるという流れだ。初めて乗車することでTAPPを使い始め、定期的に交通機関を利用するレベルまでエンゲージメントを高められるかもしれない。TAPPでの体験に熱中することができれば、交通機関の良さを他者に広めてくれるようになり、その他者にもTAPPを利用してもらえるようになる

2週間が終わる頃には、「このメールを書き直してもらえませんか？」「このエラーメッセージはどう表現すればいいですか？」のように、言葉を直して欲しいという戦術的な依頼が来るかもしれない。私はこのような最初のライティング作業を、組織や体験について学ぶことと並行して始める。なぜなら、ライティングが体験に入り込んでこそ、戦略が機能するからだ。

こういった最初のライティング作業は、体験を利用する人は誰か、組織の目的は何か、ユーザーや組織の優先事項をUXの中でどのように表現できるか、といったような、頭の中で考えていることを試すのに最適な場である。

これは、あなたがどのように仕事をしているか、つまり、普段どのようにゴールや目的、成功の測定について質問したり、デザインの中でUXテキストを書き起こした

りしているのかを示す機会でもある。デザイナーのファイルやそのファイルのコピーを使って仕事をするのは初めてかもしれない。どちらかというと、悪いテキストが書かれた画面のスクリーンショットを元に、別のテキストを考えて編集することの方が多い（第5章）。テキストを依頼した人は、新しい言葉を使ったメールやチャットのメッセージしか期待していないかもしれない。しかし、UXテキストは常にデザインの一部として、そして、ユーザーが出会うのと同じ方法で検討されるべきだ、ということを実践して見せるチャンスである。

書き始める前に、“ボイス”や“トーン”に関する情報がノートになければ、既存のリソースを探してみよう。もしかしたらブランドのガイドラインやボイスチャート、スタイルガイド、原則に記載されているかもしれないし、もしかしたら全く存在しないかもしれない。

これまでに得た情報を利用して、良いコンテンツのアイデアを少なくとも3つは書くことができる。そのUXテキストを読む人の目的と、その画面を作った組織の目的に合わせて、できるだけ効果的なものにすべきだ。また、それぞれのアイデアができるだけ違うものになるようにしよう。3つのアイデアを元にすることで、チームでUXテキストの目的についてよく話し合い、言葉の力で何が実現できるのかについて理解を深めることができる。

テキストを依頼した人に対しては、3つのアイデアのうちどれか1つについて、なぜそれが正しいのかという理由を説明する必要がある。その際、問題についてさらに深く考えることで、さらにアイデアが必要になることもあるのだ！　このような修正は通常のプロセスの一部であり、実際に動きながら、体験と組織を理解することができる。

良いテキストのアイデアが1つ以上合意できたら、「他に誰にレビューしてもらうべきですか？」と尋ねてみよう。また、インタビューで知った人物の名前を挙げることで、レビュアーをおすすめしてもらうこともできる。次に、初めてレビュー依頼を送る場合には、なぜそのアイデアがいいのかという理由を最初に記載した上で、代替案を1〜2つ、理由も含めて記載する。

このような最初の30日間が終わると、あなたは必要なメンバーとはほとんど会話したことのある状態となり、グループメールやチャットグループなどの社内コミュニケーションチャンネルや、ミーティングにも必要なものには参加できているはずだ。その上で、最初のテキストを書き起こしているだろう。

この段階で、月初めに作成したドキュメントには、少なくとも以下の内容が含まれているはずだ。

1. UXコンテンツを制作・改善するためのタスクを優先順位付けしたリスト
2. 体験を利用する人のモチベーションと優先事項
3. 組織の優先事項と制約条件
4. チャンネル、用語、コンテンツレビュアーの初期リスト
5. 最初に行う戦術的なコンテンツ作業のリンクや画像

チームと新しい関係を築き、ノートに書かれた情報を身につけることができれば、フェーズ2への準備が整う。

8.2 30～60日間、フェーズ2：炎上タスクと基礎

この第2フェーズでは、時間の半分を緊急性の高い炎上タスクに費やすことになるだろう。炎上タスクに取り組むことは、試し、実践し、基礎的な部分を作るためのコンテンツ開発プラットフォームを構築するのに役立つ。これは将来的に仕事をより良く、より速く進めることになるだろう。また、チームや体験、そして体験を利用するユーザーについての理解を深めることもできる。そして、チームとの信頼関係を築くことができるということも、同じくらい重要なことだ。彼らが「ここが壊れている」と言ったら、あなたがその問題を担当し評価しているところを、彼らは目の当たりにするだろう。

第2フェーズではできる限り、大規模に全体を変更することは遅らせた方がいい。この2ヶ月目に書いたUXテキストは、体験にとってベストな文章にはならないだろう。一貫性が保たれない。一貫性が定義されていないからだ。理想的な言葉にはならない。“ボイス”が定義されていないからだ。全体を変更する場合は、チームが手当たり次第になったり、自分の注意力が散漫になったりしないように、戦略的に開発スケジュールに合わせて優先順位を付けた上で作業を進めなければいけない。

全体の変更が始まる前こそ、組織や体験を利用するユーザーのゴールをUXコンテンツがどのように満たしているのか、基準を測定する時だ。つまり、体験の「壊れた壁」を検証する時だ。体験のどこでユーザーが離脱するのか、どこでエンゲージメントを高めることに失敗するのか、どこで購入や契約の意思決定をするのか、という情報をチームが分かっていない場合、このタイミングで、ユーザーの変化に気づくため

に必要な測定やリサーチ、機器の導入を、明示して主張した方がいい。

また、実際に自分で体験を利用してみて、体験を記録したり、スクリーンショットを撮ったりすべきだ。既にユーザビリティのリサーチ結果があれば、できる限りそれを使い倒すべきである。そして、既存コンテンツにヒューリスティック基準を適応するのだ。

次に、その体験を利用しているユーザーの行動や感情について知っていることや、ヒューリスティックに基づいたコンテンツのユーザビリティに関するスコアカードなど、発見したことについて現時点でのレポートを作成しておいた方がいい。この初期のレポートには、何がうまくいっていて、何がまだうまくいっていないのか、どの作業を優先させるべきなのかを示しておくといい。

最初は、体験を作ることに直接関わっているチームメンバーと非公式にレポートを共有する。このレポートには彼らが作ったものの問題点をまとめているため、あまり大々的に共有しない方がいいだろう。あなたが来る前に体験を作っていた人たちは、みんなベストを尽くして一生懸命働いていたはずなので、それを尊重する必要がある。後日、体験が改善されたら、その報告書を基準として、改善度を測ることができる。

私自身は、それぞれのコンテンツに対するリクエストや測定（つまり炎上タスク）に取り組む一方で、より速く、より効果的に作業やコラボレーションができるように、基礎的な部分を準備するのにも時間をかけている。例えば、コンテンツ制作、共有、整理のためのツールや、コーディング環境、チームをまとめるためのパートナーシップとプロセス、そして、やるべき作業のトラッキング、管理、優先度付けなどを行っている。

8.2.1 部分と全体を把握する

最初の30日間でコンテンツ制作の基本イメージができるところまで完了できると、その後作業依頼が殺到するだろう。UXテキストを1つだけ書いて欲しいという依頼もあれば、体験全体のテキスト、エラーメッセージ、記事やビデオ、通知など、数百に及ぶ依頼もある。

来る日も来る日も、デザイナーやリサーチャー、役員、サポートエージェント、弁護士と一緒にコンテンツを作成・レビューしたり、コード内のコンテンツを作成・レビューしたりという作業が、複数のプロジェクトにおいて発生するかもしれない。そのために、チームがどのようにトラッキングシステムを利用しているかを知っておかなければいけない（第7章「7.4　取り組むべきコンテンツ作業をトラッキングする」参照）。もしくは、UXコンテンツのタスクに関する情報を収集し、優先順位を付け、整理するための中心となる場所として、トラッキングシステムを準備する必要がある。トラッキングシステムを使うことで、自分とチームがやらなければいけない作業に埋もれることなく、適切に対応することができる。

UXコンテンツの作業がすべてトラッキングできると、UXコンテンツのニーズの範囲と全体像が一目瞭然になる。たくさん作業が集中している場所が分かり、組織の中で十分に関わっていない部分や、体験のどの箇所を吟味できていないのかが分かる。2ヶ月目にこれらの盲点に気づけることで、将来発生しうる問題を回避することができるだろう！

8.2.2　最小限の実行可能なプロセス

やるべきことが分かれば、どれだけ戦わないといけないのかが分かるが、それだけでは戦うことはできない。後半の30日間は、エンジニアチーム、デザインチーム、プロダクトチームと会話して、UXテキストの公開やコードレビューのプロセスを学ぶ必要がある。最初の30日間に行ったプロジェクトは、配信方法はうまくいったか？　フィードバックは得られているか？　ユーザーの意見を聞くのにベストな方法は何か？　といったチームの状況を表す情報を整理するのに役立つ。

あなたは、あなたのメンバーが何を期待し、何を必要としているのか、あなたにどのようなツールを使って欲しいと思っているのかについて耳を傾ける必要が出てくる。反復プロセスに作業を誘導することで、仕事が簡単になるだけでなく、すべてのステークホルダーがあなたに何を期待しているのかが分かるようになる。そのため、コラボレーションツールを利用する必要性を提唱し、可能な限りシンプルなプロセスを追求すべきだ。

このプロセスについて、プロダクトオーナー、マーケター、ビジネスリーダーからフィードバックをもらおう。あなたも、彼らのシステムにベストフィットさせるためにどこを変更すべきかを知りたいはずだ。彼らにも、いつ、どのようにあなたを巻き込むのか、いつ、どのようにあなたが彼らを巻き込むのかを理解してもらう必要がある。そして、エンジニアにどのようにワークアイテムを割り当てるべきか、コードレビューのシステムをどのように使うべきかを確認してほしい。

私がこれまでに関わったどのチームにおいても、組織内の意思決定者は、UXコンテンツに焦点を当てた新しい取り組みに対して、すべてのテキストをレビューしたいと答えている。私の経験上、彼らは徹底してそう望んでいるが、しかしコードが変更されるたびにウォークスルーしたいわけではない。

彼らは、そのテキストによって組織が負う責任が増えないと確信したかったのだ。組織のブランドを正確に反映したテキストであることを確認したいのだ。そして、体験の中で「しっくりくる」と直感的に感じる言葉を求めているのだ。あなたは、そんな風に考えている人をすぐにUXコンテンツのプロセスに参加させよう。そうすることで彼らは、あなたに任せることができ、自分の仕事に集中できるようになるだろう。そんな彼らには、基本的なコンテンツプロセスを描いて示し（**図8-3**）、そのプロセスの中であなたが彼らに積極的に相談する場面を提案するといいだろう。該当部分を指し示し、「ここを一緒に見てみましょう。フィードバックをいただければ、それを修正します」と言うことができる。

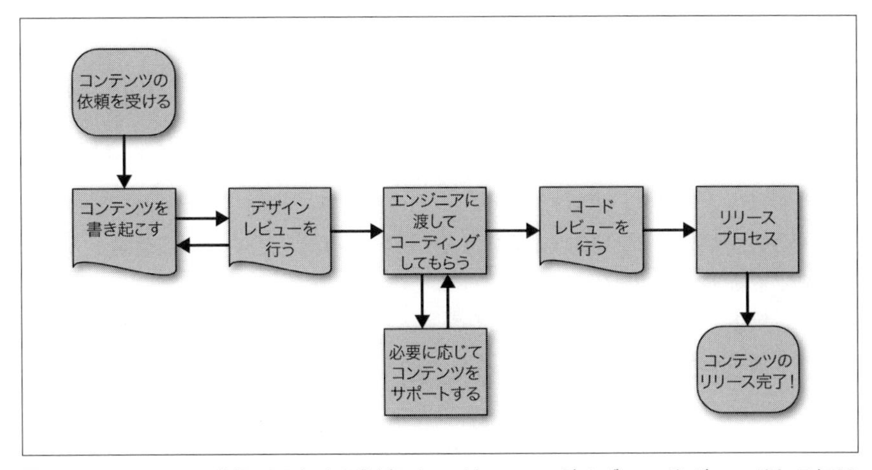

図8-3　UXコンテンツの依頼からテキストの書き起こし、レビュー、コーディング、コードレビュー、リリースまでの基本的なプロセス

8.2.3　コンテンツ戦略のドキュメント化

良い仕事をするためには、コンテンツ同士の深い関わりについて体系的に考える必要がある。つまり、コアとなる用語や、その体験を利用するユーザーとの会話に浸透している“ボイス”などだ。

あなたがこれらのコンテンツデザインに関する基礎知識を得るだけでなく、チームにもコンテンツの体系的な重要性を理解させる必要がある。コンテンツ戦略のドキュメント化は、コンテンツが組織にとってどのように役立つのかを示す一助になる。このドキュメント作成にはそれなりの時間とエネルギーが必要だが、後になってメリットを感じられるだろう。

社内の戦略をドキュメント化する目的は、将来発生する戦術的な意思決定を、より簡単に、より早く、より一貫して行えるようにすることだ。ここでは、コンテンツ戦略を用いてどのような意思決定を行うかを紹介する。

- ボイスチャートは、コンテンツ制作や改善の方向性を示し、複数のテキスト案に決着をつける
- 用語リストを作ることで、一貫性を保つことができ、特定概念の表現の選択にかかる時間を減らす
- UXコンテンツのレビュー担当者のリストは、戦略的にコンテンツプロセスの中で適切なメンバーを含める。政治的事情で巧妙に複雑化させるべきではない
- 優先順位とゴールが明記されていることで、UXに関するコアな課題を定義し、コンテンツに焦点を当てる

これらは生きたドキュメントであり、最初の30日間で作成したメモからさらに発展させる必要がある。定期的（最低でも年1回）に見直しを行い、組織改編があった場合には更新すべきである。

では、第2フェーズが終わったかどうかは、どのように判断するのだろうか？　次のような基準で判断するといい。

少なくとも、以下のマイルストーンを達成していること。

- 新しいコンテンツが作成されている
- トラッキングシステムとプロセスが確立されている
- パフォーマンスが低下しているコンテンツを更新している
- 責任の所在を明らかにする文書に対して法務が署名している
- ブランドイメージを明らかにする文書に対してマーケティング部門が署名している

少なくとも、以下のような指標で信頼が得られていること。

- リーダーの中にUXテキストの責任者として私（あなた）が含まれている
- 個々のテキストに関する作業を気軽に依頼してもらえる
- 初期のデザイン思考を使ったワークに積極的に参加してもらえる

以下の戦略的な作業の約75%が完了していること。

- コンテンツに関するタスクをトラッキングする
- モチベーションと優先順位の整合性をとる
- 既存コンテンツとそのコンテンツへのアクセス方法に関する知識を得る
- 用語リストを作る
- ボイスチャートを作る

また、もっと多くのことを達成するための準備が整ったという感覚が生まれたら、第2フェーズが終了したと思っていいだろう。この時点では、最も緊急性が高く最も悩ましい、戦略的な作業が完了し、大切な基礎が築かれているだろう。UXコンテンツが体験の質と効果に膨大な影響を及ぼすための準備が整っているはずだ。そうなると、いよいよ第3フェーズが始まる。

8.3　60～90日間、フェーズ3：急成長

この時点では戦略はほぼ完成し、これまでの戦略と同様に良いものになっているだろう。そしていよいよ、戦略の全体像を初めてプレゼンテーションする時だ。このプレゼンテーションの望む結果は、強固な基盤を固めることである。チーム及びリーダーたちは、コンテンツ戦略が慎重に、自分たちと連携して作成されていること、そして作業に目的があることを確信できるだろう。戦略に署名することで、実行すべき作業に合意し、サポートする準備が整う。

作業に関するコミュニケーションは、作業の中でも重要な部分だが、達成するのが最も難しい部分かもしれない。このプレゼンテーションには、これまでに作成されたすべての部分を含めよう。例えば、トラッキングプロセスと現在のタスクリスト、コンテンツの全体像、モチベーションと優先順位の整合性、用語リスト、ボイスチャートなどだ。このUXコンテンツ戦略の概要は、重要な（あるいは議論の余地がある）アイデアが網羅されているという点では十分信頼できるが、内部資料の磨き込みのた

めに時間を無駄にしていないことを示すには不十分である。

理想的なのは、プレゼンテーションに参加した全員が、戦略の作成プロセスに参加していることだ。そうすると、自分たちの仕事やアドバイスが実現したことを楽しむことができる。その結果、私は雇われることになったのだ。

この時、発表中や発表後にフィードバックを求めるといい。この時点で必要な修正が得られれば、後に活かすことができるからだ。もし、戦略が間違っているというフィードバックがあれば、その視点を得られたことに感謝すべきである。彼らが間違っていた場合は、単にプレゼンテーションが彼らの痒いところに手が届かなかったということかもしれない。反対に彼らが正しい場合は、こんなに早く訂正してもらえたこと自体が素晴らしいことだ。まだ入社2ヶ月目（もしくは3ヶ月目）なのだ。調整するにはベストな時期だろう。フィードバックが得られるということは、チームが投資している証なので、良い兆候である。

この3ヶ月目からは、優先順位がつけられてトラッキングされるUXライティングの仕事に、どのように関わっていくのか、持続できるペースを決める必要がある。ぜひ、依頼に対応したり、コンテンツの変更を依頼したりしてほしい。そしてチームと協力して新しい体験をデザインし、言葉を考える度に体験を利用するユーザーの立場に立って考え、戦略を適用し、時には再検討して微調整すべきだ。

体験のコンテンツ作成プロセスが十分健全化され、コンテンツ戦略が組織にもたらす恩恵が広がり始めた時に、第3フェーズは終了する。この段階では、その分野のトレンドや作成されている他のコンテンツを確認しよう。マーケティングやオペレーション、ナレッジマネジメントとの連携強化も必要だ。また、機械学習を利用してコンテンツの下書きをするコンテンツボットなど、業界内で活用できる機会を調査したり、タイトルやラベル、アクセシビリティ、チームを巻き込むことに関するベストプラクティスなど、新しい研究を探すことも重要だ。いくつかの言葉はまだ「修理」が必要かもしれないが、新しいUXコンテンツは最初から戦略的に作成することができるだろう。

8.4 まとめ：言葉を修正するには、強固な基盤を構築せよ

組織のゴールやユーザーのゴールを達成するために効果的なUXコンテンツを作るためには、まずそのゴールや一緒に冒険するチームメイト、そしてそのチームメイト

がどのような仕事をしてきたのか、更にどのような仕事に取り組むべきかを理解することから始めよう。第2フェーズでは、今後の仕事の効果を整理して実証するための基礎を作りながら、緊急性の高い問題を解決する。そして第3フェーズでは、最初からコンテンツツールの力を借りて、これまで以上に効果的な仕事を始める。

この30/60/90日計画には、たくさん作成しなければいけないコンテンツがあるが、チームと協力して目に見える形で作業を行うことが、最も良い成果をあげることができる。コンテンツ戦略を"ボイス"や用語で可視化することで、チームや役員はコンテンツ戦略が心強いものだと思ってくれるだろう。また、コンテンツのタスクを可視化することで、チームは、UXコンテンツが持つ、エンジニアリングやデザイン、組織のゴールを達成するために必要な作業が分かり、作業に取り組むメンバーをサポートすることができるだろう。作業を行う中で、UXコンテンツは悩みの種から価値のあるものに変わっていくのだ。

9章 最初にやるべきこと

来週の完璧な計画よりも、今、手荒く実行される無難な計画の方が良い。

— 米国陸軍のGEORGE S. PATTON将軍

この本を読んで何も得られなかったとしても、UXコンテンツの目的が、組織のゴールとユーザーのゴールを達成することだということは知っておいてほしい。これらのゴールを達成するためには、ユーザーの声に耳を傾け、作業に優先順位を付け、チームと協力していくことが必要になる。

9.1 何が緊急で何が重要なのかを決める

作業の優先順位を付けることは、組織やユーザーの優先順位が明確な場合でも難しいことだ。また、ライティングの作業内容がトラッキングされ、プロセスが確立されている状態でも、最初に何をすべきか、次に何をすべきかを理解することは難しい。

私はアイゼンハワーマトリクスをUXコンテンツのタスクに利用し、重要度と緊急度に応じて作業を分類することが好きだ（**表9-1**）。タスクやワークアイテムは、すべて緊急か緊急でないか、重要か重要でないかのどちらかだ。これら4つのカテゴリーはそれぞれ、以下の行動を取るべきだということが分かる。

- 緊急で重要な仕事は、最初に行うべきだ
- 緊急ではないが重要な仕事は、後回しにすべきだ
- 緊急だが重要ではない仕事は、それが重要だと思う人に任せるべきだ
- 緊急でも重要でもない仕事は、やるべきではない

表9-1 アイゼンハワーマトリクスをUXコンテンツのタスクに適用した

	緊急	緊急ではない
重要	**実施する** 新しい体験のデザイン デザイン、エンジニアリング、リサーチの障害を取り除く 責任に影響を与えるテキストを書く	**予定を決める** 既存の破綻しているテキストを修復する 効果やユーザビリティに関するリサーチ "ボイス"や用語を更新する デザイン戦略について提携する
重要ではない	**任せる** 一般的なテキストと特殊なケース*1やエラーに関するテキストを初めて書き起こす	**捨てる** 文末にある前置詞のような、文法に関する議論を行う

緊急かつ重要な仕事は、他のどんな仕事よりも優先されるべきだ。これには、開発者が新しい体験をコーディングしたり、現在の体験を更新したり、新しいエラーメッセージを考えなければいけない障害事例を発見した時など、他の人が現在行っている作業も含まれる。また、デザイナーやリサーチャーを巻き込むような、将来をみすえたデザインやリサーチもここに含まれている。デザイナーは自分のデザインがレビューされる前、そしてコーディングが行われるずっと前に、可能な限りベストな言葉を持っておかなければいけないし、リサーチャーは、ユーザビリティやコンセプトの調査において、後々最も役に立つ情報を覚えておくために、可能な限りベストな言葉を持っておかなければいけない。

重要だが緊急ではない仕事は、ワークトラッキングシステムで追跡し、その仕事を実施する時間の予定を立てるといい。この仕事には、UXライターが破綻しているが誰も対応していないと認識しているコンテンツすべてが含まれる。こうすることで私たちは、新しいコンテンツを作る時間を確保し、プロジェクトをリードすることができる。変更は軽率に行うべきではない。私たちは、どのように変更すべきなのか、そしてその変更がどんな影響をもたらし得るのかを伝える必要があるのだ。そのためには、現在のコンテンツのパフォーマンスがどのように低下しているのか、また変更によって得られる効果をどのように測定するのかを明確にしなければいけない。

緊急だが重要ではない仕事は、その体験を利用するユーザーや組織のゴールを達成するためには役に立たないだろう。これに該当するテキストを書くかどうかは、その

＊1 ［訳注］原文では「edge-case」と書かれており、値が限界ギリギリなどで、特別な問題を含む可能性がある状況を示す。

テキストを作ることを最も重要だと思っているチームメンバーに委ねるべきだ。例えばそれは、リリースを急いでいる体験や通知、メッセージなどを、初めて書き起こしたものかもしれない。最初のUXライティングをUXライター以外の人に任せるのはおかしなことに思えるかもしれないが、チームメイトにコンテンツに必要なものを表現してもらうには最適な方法だ。彼らはきっと言葉を並べすぎてしまうが、私たちは必要に応じてその意図を汲み取り、協力して明確化することで、簡素化することをサポートする。そうすることで、お互いの時間を節約でき、より強固なパートナーシップを築くことができる。

重要でも緊急でもない仕事は、一切取り組まなくてもいい。私がこれまで行ってきた文法やカンマ、ハイフネーション[*2]に関する議論は、ほぼすべてこれに含まれるが、テキストの変更によってフレーズの意味が変わる場合は例外だ。健全なチームでは、組織のゴールと体験を利用するユーザーのゴールを満足するにはどうすればいいかという点に基づいて議論が行われている限り、議論は重要なコミュニケーションの一部となっている。しかしそれ以上に重要なのは、言葉に関する責任者の決断が、信頼されるような協力関係を築くことだ。

9.2 コンテンツで共感を得る

体験を作る時は、体験を利用するユーザーのことを気にかけなければいけない。そうしなければ、ゴールを達成するための体験を作るという、基本的な任務を果たせなくなる危険性があるのだ。

思いやりの根本は、ユーザーの経験を信じることだ。彼らの経験は自分の経験と似ているかもしれないし、文字通り思いもよらないものかもしれないが、しかしそれを想像する必要はない。実際の人間の行動について話を聞いて観察し、その人のストーリーを信じて聞くのである。

人間は人の話を聞くと、思いやりの化学物質であるオキシトシンを分泌する傾向があるが、ライターは人の話を聞くと、オキシトシンを初めとする様々なものを得ることができる。

ライターにとって「聞く」という行為は、金脈を発見するようなものだ。人が自分の話をするとき、自分が認識できる言葉しか使わないだろう。つまり聞くことによっ

＊2　[訳注] 単語が改行で分割された時にハイフン (-) を挿入することで、ひと続きの単語であると表示すること。英文で用いる。

て、ライターは彼らの理解している文法を学ぶことができ、彼らの経験に特有の専門用語に対する感情的な重みを知ることができるのだ。

その上でライターはそういった言葉を使い、人々に「読んでいる」ということを感じさせずに、人々と体験を結びつけることができるのだ。

効果的なUXを書くためには、その体験を利用するユーザーたちの悩みやニーズ、言葉を理解することが大切だ。外に出て彼らの話を聞こう。彼らを連れてきて話を聞こう。インタビューの映像を見て、彼らの視点を理解しよう。そうすることで、彼らの立場を理解できるだけでなく、自分たちの視点とどれだけ違うのかを理解できるだろう。

また社外の人たちと話をする一方で、チーム内の人たちのことも忘れてはいけない。彼らもそれぞれの意見、視点、観点、予備知識を持っており、体験にも膨大な影響を与える。マーケティング担当者、ゼネラルマネージャー、デザイン担当者、エンジニアチームのリーダー、機能をコーディングするエンジニア、プログラムマネージャー、プロダクトオーナー、デザイナー、セールス＆サポート担当者など、組織のあらゆるところで素晴らしい体験を作るために時間や労力を割いている人たちがいる。

誰でも言葉に対して意見を持つことができる。言葉をどのように使うかはよく理解されていないかもしれない。特にこれまでUX専門のライターがいなかった場合に言える。

9.3 UXコンテンツをチームに紹介する

もしあなたが、組織の中で最初のコンテンツ担当者として仕事を引き受けた場合、あなたは「正しい言葉を選ぶ」とか「言葉をチェックする」ためにいると思われているかもしれない。組織の人たちはおそらくユーザーに対して「説明しなければいけない」「理解してもらわなければいけない」といったように、言葉の問題として考えているのだろう。しかしそれは、UXの問題なのかもしれない。その場合、「ボタンに載せる言葉が必要だ」「画面上の言葉が多すぎる」というような考えになるだろう。

「言葉が必要」というのは、UXライターとして解決すべき問題ではない。私たちの仕事は、ユーザーとコミュニケーションをとることであり、ユーザーに行動を促すこと、ユーザーの忠誠心を刺激することである。UXライティングが問題解決のために使えることを、チームに知ってもらう必要がある。解決しようとしている諸問題の原因を反映するように自分の仕事を構築するのは、自分たち次第なのである。

私はUXライティングをプログラミングの観点から説明するのが有効だと考えている。ソフトウェアエンジニアは、1つもしくは複数のソフトウェア言語を使っているだろう。ソフトウェアが依存するハードウェアやファームウェア、サービスがベストな結果が得られるように、それぞれの言語には特定の文法やテクニックがある。それらの言語は、ユーザーが使用するスクリーンやスピーカーに、適切なタイミングで適切な信号を出すためのプログラムにコンパイルされる。

UXライターは、1つもしくは複数の自然言語でライティングを行う。人間とその人の状況を考慮してベストな結果が得られるように、それぞれの言語には特定の文法やテクニックがある。それらの言語は、ユーザーが使用するスクリーンやスピーカーに接続することでコンパイルされ、見た目や音を適切なシナプスに変換し、適切なタイミングで発火させることで、便利な、もしくは楽しい、必要不可欠な、生活の一部を作り上げる。

したがって、ソフトウェアエンジニアもUXライターも、それぞれの言語に特化した文法やコマンドを使って、組織や体験を利用するユーザーのゴールを達成するのだ。どちらの担当も、デザイン、ライティング、レビューとテストのサイクル、そして公開というプロセスで作業を行っているし、どちらの担当も、言語、コンパイラ、アーキテクチャ、体験が置かれている状況などの特質に柔軟に対応する必要がある。

9.4 まとめ：UXコンテンツを使ってゴールを達成しよう

体験を提供する組織は、UXコンテンツが戦略的に作成された場合に得られる効果についてまだまだ学習している途中である。そんな組織に対して、UXライターは、UXコンテンツを作成するための専門家であり、ベストプラクティス、UXテキストパターン、"ボイス"の構造、改善しながら編集することや、レビューに関する知識を提供するという役目がある。

あなたはUXライターかもしれないし、あるいはUXライターをサポートしている人、UXライターをチームに加えることを検討している人かもしれない。私はそんな人たちの目の前に広がる未来が楽しみだ。私たちには基礎となるしっかりとした仕事があるだけでなく、ベストプラクティスを考案・研究し続けることで、さらに多くの可能性が広がっている。私たちはともに、UXコンテンツを作成し、改善し、測定することで、ユーザーや組織がゴールを達成することをサポートできるチャンスがあるのだ。

索引

記号・数字

A-Z

あ行

か行

さ行

た行

な行

は行

ま行

や行

ら行

●著者紹介

Torrey Podmajersky（トーリー・ポドマジェルスキー）

UXコンテンツを用いてチームがビジネスや顧客の問題を解決できるように支援している。これまでに、Google、OfferUp、Xbox、Microsoftアカウント、Windowsアプリ、プライバシー、Microsoft Educationなど、消費者やプロフェッショナルのために、インクルーシブで、またアクセシブルな体験を作ってきた。Torreyの強烈な話し方は、化学を教える中で磨かれてきたものだが、今や彼女が最も情熱を注ぐ講義においても、それを恐れる必要はない。TorreyはMediumでブログを書き、LinkedInでアイデアを共有している。シアトルのSchool of Visual ConceptsでUX Writing Fundamentalsのカリキュラムを共同で作成し、2016年から講師を務めている。Torreyはワシントン大学で物理学の学士号を取得し、シアトル大学でCurriculum & Instructionの修士号を取得している。そして、フリーランスの小説家、在宅医療の仕事、里親、高出力ロケット、マーケティング・コミュニケーション、Pilda Pill Sorterの設計、高校の科学教師を9年間行ってきた。Torreyの幅広い経験は、幅広い人々に共感するのに役立っており、その共感が製品やチームをサポートしている。

●監訳者紹介

中橋 直也（なかはし なおや）

日本電気株式会社 UXデザイナー/エンジニア。特定非営利活動法人 人間中心設計推進機構（HCD-Net）認定 人間中心設計専門家、認定スクラムプロダクトオーナー（LSPO）。日系/外資系企業にて国内外のプロダクト、サービス、システムの設計に従事し、現在はDX戦略コンサルティングに関わる。デザインリサーチ、システムやサービスUI/UX設計、ユーザビリティ評価など横断的スキル・知識・経験を有し、社会や顧客の抽象的課題の定義から具体的なプロトタイプによる検証まで行う。近年は公私共にXR関連の開発に活動を広げている。

●訳者紹介

松葉 有香（まつば ゆか）

サービスデザイナー/VUXデザイナー。システムエンジニアを経て、サービスデザイナーとして様々な業界で新規事業立ち上げ・既存事業改善を支援。UXデザインの講師経験もあり、2021年3月に公開した「UXデザイン超概論」は受講生が2000人を超えている。また、2018年から音声サービスのUX（VUX）に注力し、2020年に日本人女性唯一のAlexaChampionに認定された。開発したAlexaスキルは100個以上。音声サービスのコンサルティングも行う。UX/VUXに関する情報発信ブログ「aoxa（あおくさ）」を運営している他、著書に『VUIデザインガイドブック』（Kindle）がある。言葉で表現する営みを愛しており、ライターの経験もある。学生時代の夢は作家。

戦略的UXライティング
言葉でユーザーと組織をゴールへ導く

2022年 4 月22日　　初版第 1 刷発行

著者	Torrey Podmajersky（トーリー・ポドマジェルスキー）
監訳者	中橋 直也（なかはし なおや）
訳者	松葉 有香（まつば ゆか）
発行人	ティム・オライリー
カバーデザイン	waonica
DTP制作	BUCH+（ブーフ）
印刷・製本	日経印刷株式会社
発行所	株式会社オライリー・ジャパン 〒160-0002 東京都新宿区四谷坂町12番22号 Tel （03）3356-5227 Fax （03）3356-5263 電子メール japan@oreilly.co.jp
発売元	株式会社オーム社 〒101-8460 東京都千代田区神田錦町3-1 Tel （03）3233-0641（代表） Fax （03）3233-3440

Printed in Japan（ISBN978-4-87311-987-8）
乱丁本、落丁本はお取り替え致します。